美味助攻！

最強雞胸肉瘦身減脂食譜150選

作者 —— エダジュン　　譯者 —— 陳幼雯

什麼是「蛋白質減重法」？

我們平常飲食會攝取到三大營養素，所謂的蛋白質減重法，就是減少「碳水化合物（醣類）」和「脂肪」的比例，多攝取難以轉換成脂肪的「蛋白質」。這種減重法的特色在於攝取足夠的蛋白質能夠增肌、提升基礎代謝，讓脂肪更容易燃燒，變成不易胖的體質。

除此之外，由蛋白質組成的肌肉與頭髮也能保持青春，變得更美麗有光澤，簡直是有利無弊。不過要注意的是，蛋白質要與蔬菜一起攝取。補充足量的維他命和膳食纖維，腸胃才不會太操勞，這是成功的訣竅。尤其要記得多多攝取膳食纖維，製造良好的腸道環境。

2

1 高蛋白、低脂肪、低卡的健康食物！

雞胸肉每 100g 的蛋白質為 23.3g，含量相當高，是很有代表性的高蛋白食品。成人男性每日所需的蛋白質攝取量為 60g，成人女性為 50g，因此本書的一餐，就能補充女性每日所需超過一半的蛋白質。

雞胸脂肪含量為 1.9g，與雞腿肉（去皮 5.0g、帶皮 14.2g）相比特別地少，熱量又只有 116kcal，雖然因部位而異，不過大約是牛、豬肉的 1/4 ～ 1/2 左右。可見雞胸肉確實是減重的最佳夥伴（數值都是以每 100g 為單位、去皮計算）。

2 低價、清爽、好入口

雞胸肉最值得一提的魅力就是低價，它的價格遠低於雞腿肉，對荷包友善，也是家計的好朋友。此外，雞胸肉淡而有味又不失清爽，不但鮮味成分之一的「肌苷酸」含量多於雞腿，「麩胺酸」的含量也很高。而且雞胸肉的味道平易近人，與各種調味都能合作無間，不但能做成即食雞肉和日式炸雞，還可炒、可涼拌、可煮湯，有無限的可能性。

3 咪唑二肽和色胺酸可以消除疲勞、舒緩壓力！

雞胸肉富含「咪唑二肽」，咪唑二肽具有消除疲勞的功能。候鳥能夠長時間飛行，就是因為翅膀基部處的胸肌咪唑二肽含量高，咪唑二肽的抗氧化力強大，可以消除疲勞、防止大腦老化和抗老化。除此之外，雞胸肉含有「幸福賀爾蒙」，也就是血清素的原料「色胺酸」，因此也有減輕壓力和助眠的效果。

雞胸肉的過人之處！

目次

{ 本書體例 }

• 1大匙15ml，1小匙5ml，1杯200ml。「一撮」是拇指、食指和中指輕輕抓起來的量。
• 「黑胡椒」為粗粒黑胡椒，「雞蛋」為M尺寸。
• 「依喜好調整」指的是可以按照個人的喜好選擇用量（不會納入蛋白質、熱量和醣類的數值計算）。
• 「平底鍋」為氟素樹脂加工。
• 微波爐的加熱時間是以功率600W為標準，500W的微波爐請推估為1.2倍的時間，不同機種可能會有些許誤差。
• 蛋白質等營養素的數據以「日本食品標準成分表2020年版（第八版）」為標準。

讓雞胸肉更好吃的妙招

以下介紹的是煮出美味雞胸肉的基本要點。破壞雞肉纖維或切薄片可以提升肉質嫩度！
減少醃料的用量時，切記「揉」字訣。

事前準備

去皮

取出冰箱的雞胸肉退冰，一定要等雞肉退回室溫再去皮。一片雞皮大約為 200 kcal，熱量較高，去皮才能控制熱量。

用叉子戳洞

如果是處理一整塊雞胸或較大塊的雞肉，雙面都要用叉子戳出多一點孔洞，破壞雞肉的纖維。這樣一來可以提升嫩度，也比較容易入味。

攤平雞肉

把雞肉放直，從正中間下刀並往其中一側斜切，把雞胸肉片出一致的厚度。這裡有一個訣竅，就是慢慢來，以削肉的方式下刀。

攤開其中一邊之後轉 180 度，用同樣方式斜切另一側，整塊攤平受熱才會均勻。

用擀麵棍敲打

如果是製作雞肉火腿或雞肉捲，先劃刀攤平、鋪上保鮮膜再用擀麵棍敲打，就可以讓厚度更一致，整體受熱也更均勻。

刀工

斜刀切大塊

雞肉打橫放，斜刀切斷肉的纖維，切出 7～8mm 寬的肉塊。斜切的切面比較大，受熱也會更快。

斜刀切一口大小

斜刀切出大塊之後，再斜切一半。這樣受熱更快，可以煮出更軟嫩的雞肉。

切成 2cm 雞丁

這是較大塊的雞丁切法，要先用叉子雙面多戳幾個洞破壞纖維，片成 2cm 厚，再切成 2cm 的條狀雞肉，最後切成 2cm 雞丁。

切成 1cm 雞丁

這是較好入口的小肉塊，片成 1cm 薄片，再切成 1cm 的條狀雞肉，最後切成 1cm 雞丁（這種大小不需要先戳洞）。

揉醃

用鹽、酒和太白粉依序揉醃雞肉

醃料的鹽可以保留水分，酒是用於去除腥味，太白粉則具有鎖水的效果。為了控制熱量，醃料的用量都比較少，因此要把醃料都「搓搓進去」。揉醃順序是「鹽⇒酒⇒粉」。

懶人輕鬆煮的雞胸配菜

只要有微波爐及平底鍋，就能輕輕鬆鬆做出這些配菜。若是使用微波爐，先依序揉醃鹽、酒和太白粉，擺放雞肉時不要重疊，加熱2分鐘，然後再次拌勻醃料，最後再加熱2分鐘就大功告成了。

而平底鍋烹調的重點在於等鍋子夠熱後再下肉，下肉等1分半鐘，翻面再加熱1分鐘，這樣煎出來的雞肉就會水嫩又多汁。因為有太白粉，就算醃料少依然能混合均勻，還可以降低熱量！

001

涼拌香蔥鹽昆布

以鹽昆布取代蔥鹽醬做調味，
拌入斜切的日本大蔥可以增加飽足感，
蔥的嗆辣也讓人食慾大增。

1 人份
蛋白質 **29.9**g
183kcal
醣類 **3.3**g

材料（2 人份）

雞胸肉（戳洞、切成 2cm 雞丁）
　　1 片（250g）

A｜鹽　一撮
　｜酒　2 小匙
　｜太白粉　1 小匙

日本大蔥（斜切薄片）　½ 根

鹽昆布　1 大匙

香油　1 小匙

1 A 依順序加入雞肉裡，搓揉均勻，放進耐熱調
理盆時不要重疊，包上保鮮膜，微波加熱 2 分
鐘⇒取出，整體攪拌後再加熱 2 分鐘。

2 瀝乾水分，加入其餘的材料拌勻。

002

薑泥美乃滋涼拌蘿蔔嬰

有了低卡的蘿蔔嬰，小菜搖身一變成為健康餐。
加入薑泥有助於提升美乃滋*的風味。
改用豌豆苗或西洋菜，一樣美味。

1 人份
蛋白質 **29.8**g
204kcal
醣類 **2.4**g

材料（2 人份）

雞胸肉（戳洞、切成 2cm 雞丁）
　　1 片（250g）

A｜鹽　一撮
　｜酒　2 小匙
　｜太白粉　1 小匙

蘿蔔嬰（對切）　1 盒（約 40g）

薑泥　2 小匙

美乃滋　1 大匙

1 A 依順序加入雞肉裡，搓揉均
勻，放進耐熱調理盆時不要重
疊，包上保鮮膜，微波加熱 2 分
鐘⇒取出，整體攪拌後再加熱 2
分鐘。

2 瀝乾水分，加入其餘的材料拌
勻。

＊譯注：日本的美乃滋通常酸
味較明顯，台灣的美乃滋則
偏甜，使用美乃滋調味時請
特別注意。

003

辣油拌小黃瓜

切大塊的小黃瓜可以增加分量感與飽足感。
醇厚的蠔油和微辣的辣油讓味道更豐富。

1 人份
蛋白質 **30.5**g
186kcal
醣類 **5**g

材料（2 人份）

雞胸肉（斜刀切一口大小）
　1 片（250g）

A｜鹽　一撮
　｜酒　2 小匙
　｜太白粉　1 小匙

小黃瓜（滾刀切長塊）　1 條
日本大蔥（切絲）　⅓ 根
蠔油　1 大匙
醋　2 小匙
辣油　½ 小匙

1 A 依順序加入雞肉裡，搓揉均勻，放進耐熱調理盆時不要重疊，包上保鮮膜，微波加熱 2 分鐘⇒取出，整體攪拌後再加熱 2 分鐘。

2 瀝乾水分，加入其餘的材料拌勻。

004

梅香蠔油拌雞肉

調味只用到酸梅乾與蠔油。
酸梅乾與亞洲料理是黃金組合。
大塊的雞肉吃起來頗有滿足感。

1 人份
蛋白質 **29.7**g
163kcal
醣類 **2.9**g

材料（2 人份）

雞胸肉（斜刀切大塊）
　1 片（250g）

A｜鹽　一撮
　｜酒　2 小匙
　｜太白粉　1 小匙

酸梅乾（壓碎）　1 顆
蠔油　2 小匙

1 A 依順序加入雞肉裡，搓揉均勻，放進耐熱調理盆時不要重疊，包上保鮮膜，微波加熱 2 分鐘⇒取出，整體攪拌後再加熱 2 分鐘。

2 瀝乾水分，加入其餘的材料拌勻。

005

涼拌檸檬榨菜

榨菜的鮮味和檸檬的酸味相當清爽，
檸檬也具有襯托鹽味的效果。
另外可以加入萵苣、水菜或高麗菜。

1 人份

蛋白質 **29.8**g

161kcal

醣類 **1.8**g

材料（2 人份）

雞胸肉（斜刀切一口大小）　1 片（250g）

A｜鹽　一撮
　｜酒　2 小匙
　｜太白粉　1 小匙

醃漬榨菜（切小片）　½ 瓶（50g）

檸檬汁　1 小匙

1 A 依順序加入雞肉裡，搓揉均勻，放進耐熱調理盆時不要重疊，包上保鮮膜，微波加熱 2 分鐘⇒取出，整體攪拌後再加熱 2 分鐘。

2 瀝乾水分，加入其餘的材料拌勻。

006

茄汁雞丁

番茄醬的醣類含量較高，因此減少番茄醬用量，
但是用大蒜做重點調味。
大蒜和雞肉的維他命B群，有雙重消除疲勞的效果。

1 人份

蛋白質 **29.9**g

173kcal

醣類 **4.6**g

材料（2 人份）

雞胸肉（戳洞、切成 2cm 雞丁）

　1 片（250g）

A｜鹽　一撮
　｜酒　2 小匙
　｜太白粉　1 小匙

B｜番茄醬　1 大匙
　｜醬油　2 小匙
　｜蒜泥　½ 小匙

萵苣（切絲）　1 大片

1 A 依順序加入雞肉裡，搓揉均勻，放進耐熱調理盆時不要重疊，包上保鮮膜，微波加熱 2 分鐘⇒取出，整體攪拌後再加熱 2 分鐘。

2 瀝乾水分，加入 B 攪拌，萵苣絲鋪在盤底，盛盤。

007

魚露檸檬涼拌番茄

泰式魚露的鹹味與檸檬的酸，組合出南洋的風情。小番茄含有鮮味成分之一的麩胺酸，不過醣類含量高，需要留意用量。

1 人份

蛋白質 **30.1**g

168kcal

醣類 **4**g

材料（2 人份）

雞胸肉（斜刀切一口大小）
　1 片（250g）

A｜鹽　一撮
　｜酒　2 小匙
　｜太白粉　1 小匙

小番茄（對半橫剖）
　6 顆（60g）

泰式魚露、檸檬汁
　各 2 小匙

1 A 依順序加入雞肉裡，搓揉均勻，放進耐熱調理盆時不要重疊，包上保鮮膜，微波加熱 2 分鐘⇒取出，整體攪拌後再加熱 2 分鐘。

2 瀝乾水分，加入其餘的材料拌勻盛盤，再撒上少許黑胡椒（分量外）即完成。

材料（2 人份）

雞胸肉（斜刀切一口大小）
　1 片（250g）

A｜鹽　一撮
　｜酒　2 小匙
　｜太白粉　1 小匙

青花椰菜（對半直切）　6 小朵

B｜酸梅乾（壓碎）　1 顆
　｜醬油　1 小匙

柴魚片　1 袋（1g）

1 A 依順序加入雞肉裡，搓揉均勻，放進耐熱調理盆時不要重疊，青花椰菜沾水後平鋪在上，包上保鮮膜，微波加熱 2 分 30 秒⇒取出，整體攪拌後再加熱 2 分 30 秒。

2 瀝乾水分，加入 B 攪拌盛盤，再撒上柴魚片即完成。

008

梅香柴魚拌青花椰

雞胸＋青花椰菜是蛋白質滿點的組合，青花椰菜與梅香柴魚是天作之合，吃到最後一口都不會膩。

1 人份

蛋白質 **32.3**g

179kcal

醣類 **2.8**g

五香奶油拌豆芽

充滿台味的五香粉,加上濃郁的奶油,讓整體滋味更加豐富。豆芽菜是增加分量感的利器,改用小松菜或青江菜一樣美味。

1 人份

蛋白質 **30.7**g

189kcal

醣類 **3.3**g

材料（2 人份）

雞胸肉（斜刀切一口大小）

　1 片（250g）

A｜鹽　一撮

　｜酒　2 小匙

　｜太白粉　1 小匙

豆芽菜　½ 袋（100g）

B｜奶油　5g

　｜醬油　1 大匙

　｜五香粉　¼ 小匙

1 A 依順序加入雞肉裡,搓揉均勻,放進耐熱調理盆時不要重疊,包上保鮮膜,微波加熱 2 分 30 秒⇒取出,整體攪拌後鋪上豆芽菜再加熱 2 分 30 秒。

2 瀝乾水分,趁熱加入 B 拌勻。

010

和風青醬杏鮑菇

和風青醬用的是青紫蘇,做起來簡單,滋味也十足。口味清淡的雞胸肉和杏鮑菇,沾紫蘇醬吃也有滿分的飽足感。

材料（2 人份）

雞胸肉（斜刀切一口大小）

　1 片（250g）

A｜鹽　一撮

　｜酒　2 小匙

　｜太白粉　1 小匙

杏鮑菇（直橫各切一刀後切成薄片）

　1 包（100g）

B｜青紫蘇（切碎）　8 片

　｜蒜泥　¼ 小匙

　｜橄欖油　1 大匙

　｜鹽　少許

1 A 依順序加入雞肉裡,搓揉均勻,放進耐熱調理盆時不要重疊,包上保鮮膜,微波加熱 2 分 30 秒⇒取出,整體攪拌後鋪上杏鮑菇再加熱 2 分 30 秒。

2 瀝乾水分,加入 B 拌勻。

1 人份

蛋白質 **30.7**g

222kcal

醣類 **3**g

1 人份
蛋白質 **29.6**g
237kcal
醣類 **8.9**g

011

1 人份
蛋白質 **29.8**g
214kcal
醣類 **4.7**g

012

奶油山葵拌四季豆

濃郁的奶油與令人食指大動的山葵香氣十分搭配。
山葵經過加熱後嗆辣味會減少，
是怕辣族的一大福音。四季豆也可用高麗菜取代。

甜辣醬苦瓜

苦瓜的苦澀與甜辣醬又甜又辣的滋味，
都是讓人流口水的南洋口味。
苦瓜切薄片比較好入口。
甜辣醬只用 2 大匙，以免醣類超標。

材料（2 人份）

雞胸肉（切成 1cm 雞丁）　1 片（250g）
A｜鹽　一撮
　｜酒　2 小匙
　｜太白粉　1 小匙
四季豆（斜切 2cm 小段）　10 根（50g）
山葵泥　2 小匙
奶油　10g

1 A 依順序加入雞肉裡，搓揉均勻，與
剩下的材料一起放進耐熱調理盆攪
拌，包上保鮮膜，微波加熱 2 分鐘⇒
取出，整體攪拌後再加熱 2 分鐘。

材料（2 人份）

雞胸肉（切成 1cm 雞丁）　1 片（250g）
A｜鹽　一撮
　｜酒　2 小匙
　｜太白粉　1 小匙
苦瓜（去除囊籽、切薄片）　⅓ 條（80g）
香油　2 小匙
甜辣醬　2 大匙

1 A 依順序加入雞肉裡，搓揉均勻，與苦瓜和香
油一起放進耐熱調理盆攪拌，包上保鮮膜，微
波加熱 2 分鐘⇒取出，整體攪拌後再加熱 2 分鐘。

2 瀝乾水分，加入甜辣醬拌勻。

材料（2 人份）

雞胸肉（切成 1cm 雞丁）　1 片（250g）

A｜鹽　一撮
　｜酒　2 小匙
　｜太白粉　1 小匙

舞菇（撕成片狀）　1 包（100g）

蒜泥　1 小匙

紅辣椒（切小段）　1 條

橄欖油　1 大匙

鹽、黑胡椒　各兩撮

1　A 依順序加入雞肉裡，搓揉均勻，與剩下的材料一起放進耐熱調理盆攪拌，包上保鮮膜，微波加熱 2 分鐘⇒取出，整體攪拌後再加熱 2 分鐘。

013

蒜香橄欖油拌舞菇

舞菇含蛋白質分解酵素，可使雞肉肉質柔嫩多汁到讓人驚豔。蒜香與橄欖油的組合，也有種在吃義大利麵般的滿足感！

1 人份
蛋白質 **30.5**g
225kcal
醣類 **3**g

014

蠔油茄子

茄子滾刀切長塊比較容易入味。少量的太白粉會吸收所有湯汁。蠔油與香油的氣味讓人一口接一口。

1 人份
蛋白質 **30.5**g
212kcal
醣類 **4.3**g

材料（2 人份）

雞胸肉（切成 1cm 雞丁）　1 片（250g）

A｜鹽　一撮
　｜酒　2 小匙
　｜太白粉　1 小匙

茄子（滾刀切長塊）　1 條（80g）

蠔油、醬油、香油　各 2 小匙

1　A 依順序加入雞肉裡，搓揉均勻，與剩下的材料一起放進耐熱調理盆攪拌，包上保鮮膜，微波加熱 2 分鐘⇒取出，整體攪拌後再加熱 2 分鐘。

015

咖哩黃豆芽與櫻花蝦

發揮咖哩的香料風味和櫻花蝦的鮮味，組合成這道西式配菜。黃豆芽可以補充蛋白質，還能增加飽足感，提供女性需要的異黃酮。

1人份
蛋白質 **34.8**g
235kcal
醣類 **2.4**g

材料（2人份）

雞胸肉（戳洞、切成2cm雞丁）
　1片（250g）
A｜鹽　一撮
　｜酒　2小匙
　｜太白粉　1小匙
黃豆芽　½袋（100g）
櫻花蝦　2大匙
醬油、橄欖油　各2小匙
咖哩粉　1小匙

1 A依順序加入雞肉裡，搓揉均勻，與剩下的材料一起放進耐熱調理盆攪拌，包上保鮮膜，微波加熱2分30秒⇒取出，整體攪拌後再加熱2分30秒。

016

打拋紅椒

收尾時加上乾燥羅勒，除了能增添香氣，也能讓醬汁收乾。紅椒可用青椒取代，包著萵苣葉吃，美味也不打折。

1人份
蛋白質 **30.7**g
215kcal
醣類 **5.4**g

材料（2人份）

雞胸肉（戳洞、切成2cm雞丁）
　1片（250g）
A｜鹽　一撮
　｜酒　2小匙
　｜太白粉　1小匙
紅椒（切成1.5cm塊狀）　80g
B｜蠔油、泰式魚露、沙拉油　各2小匙
乾燥羅勒　½小匙

1 A依順序加入雞肉裡，搓揉均勻，與紅椒和B一起放進耐熱調理盆攪拌，包上保鮮膜，微波加熱2分30秒⇒取出，整體攪拌後再加熱2分30秒。最後撒上羅勒拌勻，即完成。

017

奶香海苔拌萵苣

奶油香滲入萵苣中，撒上些許海苔。奶油和海苔讓人聯想到洋芋片，忍不住一口接一口。蔬菜可改用高麗菜、蘿蔔嬰或菇類取代。

1 人份
蛋白質 **29.6**g
198kcal
醣類 **2.3**g

材料（2 人份）

雞胸肉（斜刀切一口大小）
　1 片（250g）

A｜ 鹽　一撮
　｜ 酒　2 小匙
　｜ 太白粉　1 小匙

萵苣（撕大片）　2 片

奶油　10g

B｜ 海苔　1 小匙
　｜ 鹽　1/3 小匙

1 A 依順序加入雞肉裡，搓揉均勻，依序將萵苣、雞肉（不要重疊）和奶油放進耐熱調理盆，包上保鮮膜，微波加熱 2 分 30 秒⇒取出，整體攪拌後再加熱 2 分 30 秒。

2 最後加入 B 攪拌，即完成。

018

魚露起司拌櫛瓜

櫛瓜的鮮味與水分會讓肉質變濕潤。建議淋上泰式魚露後先進微波，晚一點再加入起司粉攪拌。

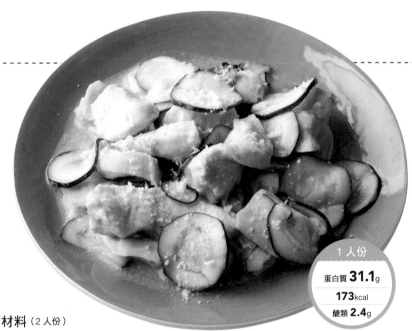

1 人份
蛋白質 **31.1**g
173kcal
醣類 **2.4**g

材料（2 人份）

雞胸肉（斜刀切一口大小）
　1 片（250g）

A｜ 鹽　一撮
　｜ 酒　2 小匙
　｜ 太白粉　1 小匙

櫛瓜（切圓形薄片）　1/2 條（80g）

泰式魚露、起司粉　各 2 小匙

1 A 依順序加入雞肉裡，搓揉均勻，依序將櫛瓜和雞肉（不要重疊）放進耐熱調理盆，淋上泰式魚露後包上保鮮膜，微波加熱 2 分 30 秒⇒取出，加入起司粉攪拌後再加熱 2 分 30 秒。

2 盛盤，撒上少量起司粉（分量外）即完成。

材料（2 人份）

雞胸肉（斜刀切一口大小）
　　1 片（250g）

A｜鹽　一撮
　｜太白粉　½ 大匙

蕪菁（帶皮，切 8 等份的瓣狀）　1 顆（80g）

櫻花蝦　2 大匙

薑泥　1 小匙

醬油、酒　各 1 大匙

水　½ 杯

1 A 依順序加入雞肉裡，搓揉均匀，與剩下的材料一起放進耐熱調理盆攪拌，包上保鮮膜，微波加熱 7 分鐘。

*編注：蕪菁可以用大頭菜代替。

019

薑燒蕪菁與櫻花蝦

加入櫻花蝦和薑，就不需要用到高湯了。微波加熱不怕鮮味和營養逸失。蕪菁的外皮很營養，建議不要去皮。

1 人份

蛋白質 **33.4**g

191kcal

醣類 **3.8**g

020

醃漬明太子燉紅蘿蔔

醃漬明太子的鹹是這道菜的主味覺，也讓湯汁略稠，變得更美味。紅蘿蔔可提供甜味，但用量較少，可達到減醣效果，也可用白蘿蔔取代。

材料（2 人份）

雞胸肉（斜刀切一口大小）
　　1 片（250g）

A｜鹽　一撮
　｜太白粉　½ 大匙

紅蘿蔔（切長條）　1/3 根（50g）

醃漬明太子（去除薄膜）　1 條（40g）

醬油、酒　各 1 大匙

水　½ 杯

1 A 依順序加入雞肉裡，搓揉均匀，與剩下的材料一起放進耐熱調理盆攪拌，包上保鮮膜，微波加熱 7 分鐘。

1 人份

蛋白質 **34.8**g

204kcal

醣類 **4.8**g

021

蠔油炒韭菜

蠔油的鮮味與薑的風味，組合起來正是便當店常見的韭菜炒肝調味！韭菜晚一點加，香氣會更豐富。

材料（2 人份）

雞胸肉（斜刀切一口大小）
　1 片（250g）

A | 鹽　一撮
　| 太白粉　½ 大匙

韭菜（切 3～4cm 小段）　½ 把（50g）

B | 蠔油、酒　各 1 大匙
　| 薑泥　1 小匙

香油　2 小匙

1 A 依順序加入雞肉裡，搓揉均勻，平底鍋中倒入香油，熱鍋後下雞肉，轉中火煎 1 分 30 秒，翻面，再加入韭菜和拌勻的 B，炒 1 分鐘。

> 1 人份
> 蛋白質 **30.3**g
> **212**kcal
> 醣類 **4.4**g

022

蒜香柑橘醋炒海帶

大蒜加上柑橘醋的滋味，為人體補充滿滿的能量。海帶富含膳食纖維，有助於促進消化與吸收雞胸肉的高蛋白。

> 1 人份
> 蛋白質 **30.1**g
> **203**kcal
> 醣類 **3.8**g

材料（2 人份）

雞胸肉（斜刀切一口大小）
　1 片（250g）

A | 鹽　一撮
　| 太白粉　½ 大匙

大蒜（薄片）　1 瓣

乾燥海帶（泡開後瀝乾）　1 大匙

柑橘醋醬汁　2 大匙

香油　2 小匙

1 A 依順序加入雞肉裡，搓揉均勻。

2 在平底鍋中加入香油和大蒜，開小火爆香，再將步驟 1 下鍋煎 1 分 30 秒，翻面後放進海帶和柑橘醋，繼續炒 1 分鐘。

023

柚子胡椒炒鹿尾菜

用富含膳食纖維的鹿尾菜加上柚子胡椒的嗆，炒出一道微辣又不失清爽的配菜。雞肉都沾滿了醬汁，飽足感也十足。

1 人份

蛋白質 **29.9**g

203kcal

醣類 **2.9**g

材料（2 人份）

雞胸肉（斜刀切大塊）

　1 片（250g）

A｜鹽　一撮

　｜太白粉　½ 大匙

乾燥鹿尾菜芽（泡開後瀝乾）

　1 大匙（5g）

B｜醬油、酒　各 2 小匙

　｜柚子胡椒　½ 小匙

香油　2 小匙

1 A 依順序加入雞肉裡，搓揉均勻，平底鍋中倒入香油，熱鍋後下雞肉，轉中火煎 1 分 30 秒，翻面再加入鹿尾菜和拌勻的 B，炒 1 分鐘。

材料（2 人份）

雞胸肉（斜刀切一口大小）

　1 片（250g）

A｜鹽　一撮

　｜太白粉　½ 大匙

日本青椒（直切細絲）　2 顆（8g）

B｜番茄醬　1½ 大匙

　｜醬油　1 小匙

　｜豆瓣醬　¼ 小匙

沙拉油　2 小匙

1 A 依順序加入雞肉裡，搓揉均勻，平底鍋中倒入沙拉油，熱鍋後下雞肉，轉中火煎 1 分 30 秒，翻面再加入青椒和拌勻的 B，炒 1 分鐘。

024

茄汁辣炒青椒雞

這道菜召喚的是拿坡里義大利麵的味道！番茄醬的醣類含量較高，用量不能多，與微辣的豆瓣醬搭配起來，就能提升滿足感。

1 人份

蛋白質 **29.8**g

212kcal

醣類 **6**g

BBQ炒高麗菜

請仔細翻炒番茄醬和美乃滋，要炒出香氣。

兩種醬加上蒜香，就能調製成大人也吃得滿足的BBQ醬。

1人份

蛋白質 **30.2**g

241kcal

醣類 **6**g

材料（2人份）

雞胸肉（斜刀切大塊）
　1片（250g）

A｜鹽　一撮
　｜太白粉　½大匙

高麗菜（切一口大小）　1片（50g）

B｜番茄醬　1大匙
　｜美乃滋、醬油　各2小匙
　｜蒜泥　½小匙

沙拉油　2小匙

1 A依順序加入雞肉裡，搓揉均勻，平底鍋中倒入沙拉油，熱鍋後下雞肉，轉中火煎1分30秒，翻面再加入高麗和拌勻的B，炒1分鐘。

- -

材料（2人份）

雞胸肉（斜刀切一口大小）　1片（250g）

A｜鹽　一撮
　｜太白粉　½大匙

紅辣椒（切小段）　1條

豌豆苗（對切）　1袋（約100g）

B｜味噌、酒　各1大匙

奶油　10g

1 A依順序加入雞肉裡，搓揉均勻，在平底鍋中加熱奶油至融化後，加入雞肉和紅辣椒，轉中火煎1分30秒，翻面後加入豌豆苗和拌勻的B，炒1分鐘。

026

奶香味噌辣炒豆苗

味噌和奶油再加上刺激的辣椒，組合出讓人口水直流的好滋味。

豌豆苗軟爛的口感、味噌和奶油的香濃是黃金搭檔。

1人份

蛋白質 **31.9**g

226kcal

醣類 **4.3**g

材料（2 人份）

雞胸肉（斜刀切大塊） 1 片（250g）

A｜鹽 一撮
　｜太白粉 ½ 大匙

洋蔥（切 1cm 寬） ¼ 顆（50g）

B｜蠔油、酒 各 ½ 大匙
　｜蜂蜜 1 小匙
　｜蒜泥 ½ 小匙

沙拉油 2 小匙

1 A 依順序加入雞肉裡，搓揉均勻，平底鍋中倒入沙拉油，熱鍋後下雞肉和洋蔥，轉中火煎 1 分 30 秒，翻面再加入拌勻的 B，炒 1 分鐘。

1 人份

蛋白質 **29.5**g

214kcal

醣類 **6.8**g

材料（2 人份）

雞胸肉（斜刀切大塊） 1 片（250g）

A｜鹽 一撮
　｜太白粉 ½ 大匙

雞蛋 1 顆

B｜孜然、鹽 各 ⅓ 小匙

橄欖油 2 小匙

原粒帶皮杏仁（切碎） 10 粒

1 A 依順序加入雞肉裡，搓揉均勻。

2 在平底鍋中加入橄欖油和 B，開小火爆香，再將步驟 1 下鍋，轉中火煎 1 分 30 秒，翻面後繼續炒 1 分鐘，倒入蛋液，整體拌炒至蛋熟。盛盤，撒上杏仁即完成。

027

孜然雞胸炒蛋

雞胸肉和雞蛋是高蛋白組合。以鹽作主要調味雖然簡單，但是有孜然香可以增添層次感。杏仁可用現成的鹽味杏仁零食包。

028

洋蔥炒厚煎雞排

將厚煎豬排改良為健康的雞胸肉餐，偏甜的醬汁炒過洋蔥之後滋味更加豐富，也推薦搭配高麗菜絲享用。

1 人份

蛋白質 **33.9**g

274kcal

醣類 **3.1**g

029

蔥煎韓式辣雞

只要用韓式辣醬搓揉雞肉，再與日本大蔥一起下鍋煎到微焦，即完成。日本大蔥煎久一點就會產生甜味，搭配微辣的調味，是又甜又辣的雙重享受。

材料（2 人份）

雞胸肉（斜刀切大塊） 1 片（250g）

A│ 鹽 一撮
  │ 太白粉 ½ 大匙

日本大蔥（切 4cm 小段） ½ 根

B│ 韓式辣醬 1 大匙
  │ 醬油 2 小匙
  │ 蒜泥 1 小匙

香油 2 小匙

1 A 依順序加入雞肉裡，搓揉均勻，再加入日本大蔥和 B 繼續搓揉。

2 平底鍋中倒入香油，熱鍋後下步驟 1，轉中火煎 1 分 30 秒，整體攪拌後再煎 1 分鐘。

030

檸檬咖哩煎蘆筍

咖哩的香料風味，與泰式魚露和檸檬組合起來讓人口水直流。蔬菜改用菇類或櫛瓜一樣美味。

材料（2 人份）

雞胸肉（斜刀切一口大小） 1 片（250g）

A│ 鹽 一撮
  │ 太白粉 ½ 大匙

綠蘆筍（去除根部的硬皮，斜切 3cm 小段） 4 支（80g）

B│ 泰式魚露、檸檬汁 各 2 小匙
  │ 咖哩粉 1 小匙

橄欖油 2 小匙

1 A 依順序加入雞肉裡，搓揉均勻，再加入蘆筍和 B 繼續搓揉。

2 平底鍋中倒入橄欖油，熱鍋後下步驟 1，轉中火煎 1 分 30 秒，整體攪拌後再煎 1 分鐘。

031

奶醬山藥

爽脆的山藥是無上的美味。

雞肉和山藥都要煎到上色，

等完整吸附奶油和醬油的香氣再起鍋。

1人份

蛋白質 **31**g

229kcal

醣類 **9.2**g

材料（2人份）

雞胸肉（斜刀切大塊）　1片（250g）

A｜鹽　一撮

　　太白粉　½ 大匙

山藥（切1cm薄片）　100g

醬油　1 大匙

奶油　10g

1 依 A 的順序將雞肉搓揉均勻，在平底鍋中加熱奶油至融化後，加入雞肉轉中火，煎 1 分 30 秒，再加入山藥和醬油，多翻面幾次後再煎 1 分鐘。

032

椒麻味噌雞

經過搓揉調味的味噌雞起鍋之後，

香氣和濕潤感都是一絕。最後撒上山椒粉，

青椒可以改用高麗菜取代。為整體增添風味。

1人份

蛋白質 **31.2**g

224kcal

醣類 **5.6**g

材料（2人份）

雞胸肉（斜刀切一口大小）　1片（250g）

太白粉　½ 大匙

日本青椒（對半直切，橫切1cm寬）　2顆（8g）

味噌　1½ 大匙

沙拉油　2 小匙

山椒粉　¼ 小匙

1 以太白粉搓揉雞肉，再加入青椒和味噌繼續搓揉。

2 平底鍋中倒入沙拉油，熱鍋後下步驟 **1**，轉中火煎 1 分 30 秒，整體攪拌後再煎 1 分鐘，最後撒上山椒粉即完成。

蛋白質 **36**g
248kcal
醣類 **5**g

033

燜燒泡菜豆腐

將韓式泡菜豆腐鍋改良為燜燒版，微辣的泡菜讓人一吃就上癮。建議加熱時泡菜要鋪在最上層，讓雞肉和豆腐吸滿泡菜的鮮味。

材料（2 人份）

雞胸肉（斜刀切一口大小）
　1 片（250g）
A｜鹽　一撮
　｜太白粉　½ 大匙
板豆腐　½ 塊（150g）
韓式泡菜　100g
B｜酒、水　各 2 大匙
　｜醬油　2 小匙
蔥（切蔥花）　依喜好調整

1 用兩層廚房紙巾包住豆腐，壓上 2 個盤子，瀝水 20 分鐘後，切成 2cm 寬。

2 A 依順序加入雞肉裡，搓揉均勻，在平底鍋中加入雞肉與步驟 **1**，並鋪上泡菜，倒入 B 後蓋上鍋蓋，開中火煮至沸騰，再以較小的中火繼續燜燒 5 分鐘。盛盤，撒上蔥花即完成。

034

燜燒明太子青花椰

把青花椰菜、雞肉和明太子依序疊起來，淋上酒後加熱即完成，不必搓揉調味。雞肉吸取了明太子的鮮味，好吃到難以形容！

材料（2 人份）

雞胸肉（斜刀切一口大小）　1 片（250g）
A｜鹽　一撮
　｜太白粉　½ 大匙
青花椰菜（分成小朵後對半直切）　½ 棵
明太子（去除薄膜）　1 條（40g）
B｜酒、水　各 2 大匙
海苔絲　依喜好調整

1 A 依順序加入雞肉裡，搓揉均勻。

2 在平底鍋中依序加入青花椰菜和步驟 **1**，撒上明太子，倒入 B 後蓋上鍋蓋，開中火煮至沸騰，再以較小的中火繼續燜燒 6 分鐘。盛盤，鋪上海苔絲即完成。

蛋白質 **36.6**g
217kcal
醣類 **4.2**g

035

嗆辣脆雞

裹辣椒粉下鍋，炸出又香又辣的脆雞，麵衣只少量使用吸油率低的太白粉，達到減油的效果。減重的人依然能吃得安心！

材料（2人份）

雞胸肉（斜刀切大塊）　1片（250g）

A｜鹽、黑胡椒　各 ⅓ 小匙
　｜辣椒粉　1½ 小匙

B｜蒜泥　1 小匙
　｜太白粉　1½ 大匙

沙拉油　4 大匙

紅葉萵苣　依喜好調整

1 A 和 B 依順序加入雞肉裡，搓揉均勻，平底鍋中倒入沙拉油，熱鍋後下雞肉，轉中火煎炸，每面各 1 分 30 秒，煎炸完起鍋瀝油。

2 盛盤，佐上紅葉萵苣即完成。
＊ 炸粉較少容易噴油，請小心。

1 人份
蛋白質 **29.6**g
253kcal
醣類 **7.3**g

036

韓式醬油脆雞

蒜香和醬油是韓式炸雞常見的調味，味道夠重，飽足感也十足。這一道脆雞只用少量的太白粉煎炸，不讓熱量超標。

1 人份
蛋白質 **29.7**g
263kcal
醣類 **8.2**g

材料（2人份）

雞胸肉（斜刀切大塊）　1片（250g）

A｜醬油、酒　各 ½ 大匙
　｜砂糖、蒜泥　各 1 小匙
　｜鹽　一撮

太白粉　1½ 大匙

沙拉油　4 大匙

蔥（切蔥花）　依喜好調整

1 A 依順序加入雞肉裡，搓揉均勻，靜置 10 分鐘，再加入太白粉搓揉。平底鍋中倒入沙拉油，熱鍋後下雞肉，轉中火煎炸，每面各 1 分 30 秒，煎炸完起鍋瀝油。

2 盛盤，撒上蔥花即完成。
＊ 炸粉較少容易噴油，請小心。

037

薑燒魚露菇菇雞

滑溜順口的低卡鴻禧菇，吃起來毫無罪惡感。美味到令人想喝得一乾二淨！醬汁中有泰式魚露的鮮味與薑的香氣，

材料（2 人份）

雞胸肉（斜刀切一口大小）　1 片（250g）

A｜鹽　一撮
　｜太白粉　½ 大匙

鴻禧菇（剝開）　1 袋（100g）

B｜泰式魚露、酒　各 1½ 大匙
　｜薑（帶皮薄切）　1 片
　｜水　½ 杯

1 A 依順序加入雞肉裡，搓揉均勻，在平底鍋中加入 B 煮滾，下雞肉與鴻禧菇後蓋上鍋蓋，再次沸騰後轉較小的中火，煮 4 分鐘。

1 人份

蛋白質 **31.8**g

179kcal

醣類 **3.7**g

038

柑橘醋煮香辣蘿蔔泥

加上青紫蘇絲，餘韻顯得更加清爽。蘿蔔泥＋柑橘醋＋豆瓣醬是這道菜的靈魂調味。雞肉被蘿蔔泥煮得又軟又嫩，

1 人份

蛋白質 **29.5**g

167kcal

醣類 **3.1**g

材料（2 人份）

雞胸肉（斜刀切大塊）　1 片（250g）

A｜鹽　一撮
　｜太白粉　½ 大匙

B｜蘿蔔泥（輕輕擠乾）　60g
　｜柑橘醋醬汁、酒　各 1 大匙
　｜豆瓣醬　½ 小匙

青紫蘇（切絲）　4 片

1 A 依順序加入雞肉裡，搓揉均勻，在平底鍋中加入雞肉與 B，蓋上鍋蓋開火煮至沸騰，再轉中火繼續煮 5 分鐘。

2 盛盤，鋪上青紫蘇絲即完成。

即食雞肉，當之無愧的最強王者！

「即食雞肉」是蛋白質減重法的強力夥伴，在家裡就能輕鬆做出來。先將雞肉醃漬入味，之後既可以用平底鍋水煮，也可以更偷懶的放進微波爐加熱。一次製作大量的即食雞肉保存起來，隨手就能拿來當沙拉配料，配飯、配麵都適合，非常百搭。除此之外，本章還會介紹日式、西式、中式與南洋口味的改良食譜。

即食雞肉的製作步驟

材料（2 片份）

雞胸肉　2 片（500g）
A｜砂糖、酒、蒜泥　各 2 小匙
　｜鹽　1 小匙

1 人份
蛋白質 **29.3**g
157kcal
醣類 **2.3**g
＊1 人份是 1/2 片

用平底鍋
慢火煮

039

經典原味即食雞胸

經典原味散發淡淡的蒜香，與日式、西式、中式及南洋口味都很搭，應用廣泛。要注意的是，先在雞肉雙面用叉子戳出小孔破壞纖維，再來不是用大火煮滾，而是小火慢煮，再用餘溫燜熟。這樣一來，軟嫩又多汁的雞胸肉就大功告成了！

3 每面各煮 3 分鐘

平底鍋中倒入可以蓋過雞肉的水，煮滾，將雞肉連同保鮮膜下鍋，等再次沸騰後轉較小的中火（水面稍有波動即可），每面各煮 3 分鐘。

1 戳洞

雞肉在室溫退冰後去皮，雙面都用叉子密集戳出小孔。

＊破壞雞肉纖維可以提升肉質嫩度。

4 靜置至冷卻

關火，蓋上鍋蓋，靜置到冷卻為止。

＊將適量的湯汁和雞肉裝入夾鏈保鮮袋，冷藏約可存放 5 天。

＊材料分量減半也要用一樣的時間製作，可參照下頁以微波爐烹調。

2 以調味料搓揉醃漬 10 分鐘

在調理盆中放入雞肉及 A，仔細揉捏使雞肉入味，再用雙層的保鮮膜包住雞肉，靜置 10 分鐘醃漬。

材料（1 片份）

雞胸肉　1 片（250g）

A｜檸檬汁　½ 大匙
　｜砂糖、酒　各 1 小匙
　｜鹽　½ 小匙

無蠟黃檸檬薄片（可有可無）　2 片

1 人份
蛋白質 **29.2**g
154kcal
醣類 **2.1**g

＊1 人份是 1/2 片

1　戳洞

雞肉在室溫退冰後去皮，雙面都用叉子密集戳出小孔。

＊破壞雞肉纖維可以提升肉質嫩度。

2　以調味料搓揉

在調理盆中放入雞肉及 A，仔細揉捏使雞肉入味，讓整體吸附醃料。

3　微波 2 分鐘

鋪上檸檬片，以保鮮膜包裹，放在耐熱盤上，以微波加熱 2 分鐘。

＊包裹保鮮膜可以快速入味，節省時間。

4　翻面微波 2 分鐘

取出雞肉，翻面，繼續加熱 2 分鐘再取出，包著保鮮膜靜置 10 分鐘。

＊如果雞肉不夠熟，可以每面再各加熱 30 秒。

＊將湯汁和雞肉裝入夾鏈保鮮袋，冷藏約可存放 1 ～ 2 天。

用微波爐更快完成

040

鹽味香檸即食雞胸

這是一款口味清爽的即食雞胸，帶著解膩的檸檬酸味與鹹味。

微波爐的加熱時間是正反面各 2 分鐘，再懶都不怕！

調理重點是包著保鮮膜靜置 10 分鐘，用餘溫將雞肉燜熟。

1 人份

蛋白質 **29.2**g

156kcal

醣類 **2**g

＊1 人份是 ½ 片（以下相同）

041

柚子胡椒雞

柚子胡椒嗆味中不失清爽，
相當適合當作沙拉的配料。

材料（1 片份）

雞胸肉　1 片（250g）

A｜柚子胡椒　2 小匙
　｜砂糖、酒　各 1 小匙
　｜鹽　½ 小匙

步驟（共通）

1　雞肉在室溫退冰後去皮，雙面都用叉子密集戳出小孔，雞胸肉以 A 搓揉後，再用保鮮膜包裹。

2　放在耐熱盤上微波加熱 2 分鐘⇒翻面，繼續加熱 2 分鐘，取出靜置 10 分鐘。

＊如果雞肉不夠熱，可以每面再各加熱 30 秒。

＊也可用平底鍋烹調（改用 1 片雞胸肉，烹調時間不變），請參考 p28。

042

義式羅勒雞

要使用乾燥羅勒才會留下香氣。
橄欖油除了讓肉質濕潤，也帶來義式風情。

材料（1 片份）

雞胸肉　1 片（250g）

A｜乾燥羅勒、砂糖、橄欖油　各 1 小匙
　｜鹽　½ 小匙

1 人份

蛋白質 **29.3**g

171kcal

醣類 **1.9**g

044

印度咖哩優格雞

美乃滋與優格的力量讓肉質更軟嫩。
咖哩粉與大蒜搭配起來香辣有勁。

材料（1片份）

雞胸肉　1片（250g）

A｜美乃滋、原味優格　各1大匙
　｜咖哩粉、鹽、蒜泥　各½小匙

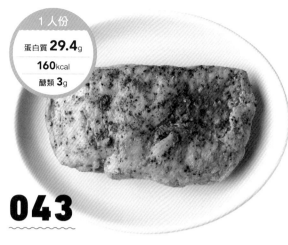

043

蒜香胡椒雞

大蒜與黑胡椒是成熟的大人口味，
用葉菜包著吃一樣美味。

材料（1片份）

雞胸肉　1片（250g）

A｜蒜泥、砂糖、酒、黑胡椒　各1小匙
　｜鹽　½小匙

046

韓式辣醬雞

韓式辣醬和味噌讓肉質多汁又軟嫩。
微微的辣味也適合拌麵。

材料（1片份）

雞胸肉　1片（250g）

A｜韓式辣醬　1大匙
　｜味噌、酒　各1小匙
　｜鹽、砂糖　各½小匙

045

蠔油黑胡椒雞

醇厚的蠔油與黑胡椒，組合出這道台灣味。
進階版可以做成手撕雞，鋪在豆腐冷盤上。

材料（1片份）

雞胸肉　1片（250g）

A｜蠔油　1大匙
　｜黑胡椒、酒　各1小匙
　｜鹽　½小匙

048

高麗菜雞肉沙拉

雞胸肉撕大塊一些可以增添飽足感，
高麗菜搓鹽可以減少體積，混拌後放在盤子上，堆得滿滿。
黃芥末籽醬的酸，讓整體滋味更豐富。

1 人份

蛋白質 **30.1**g

204kcal

醣類 **5**g

047

小黃瓜辣拌雞丁沙拉

小黃瓜拍碎，雞胸肉切成丁，
讓香油的味道徹底吸附上去。
若是在炎炎夏日，推薦可以冰鎮後享用。

1 人份

蛋白質 **30.2**g

197kcal

醣類 **3.7**g

材料（2 人份）

鹽味香檬即食雞胸（p29，撕成粗絲）　1 片

高麗菜（切細絲）　2 片（100g）

鹽　一撮

A｜醋、橄欖油　各 ½ 大匙
　　黃芥末籽醬　1 小匙
　　砂糖　½ 小匙

1 高麗菜以鹽搓揉，搓到葉片軟化後瀝乾。再加
　　入雞絲和拌勻的 A 攪拌，完成。

材料（2 人份）

經典原味即食雞胸（p28，切成 2cm 雞丁）　1 片

小黃瓜（用擀麵棍拍碎後切成 4cm 長）　1 條

紅辣椒（切小段）　1 條

A｜醬油、香油　各 ½ 大匙

1 將所有材料放進調理盆，攪拌均勻。

050

俄國含羞草沙拉

使用雞肉、豆仁和雞蛋的高蛋白三重奏。
美乃滋加上黃芥末籽醬，讓味道更有層次。
推薦將蛋屑整個拌勻再享用。

1 人份

蛋白質 **35.1**g

276kcal

醣類 **7**g

049

雞肉科布沙拉

以優格取代美乃滋，減少熱量。
起司粉和香醇的橄欖油提供了完美的滿足感。
撒上辣椒粉可以增添香氣。

1 人份

蛋白質 **34.3**g

211kcal

醣類 **3.9**g

材料（2 人份）

A｜鹽味香檸即食雞胸（p29，切成 1cm 雞丁） 1 片
　｜水煮綜合豆仁（瀝乾） 50g
　｜美乃滋 1 大匙
　｜黃芥末籽醬 1 小匙
全熟水煮蛋（切碎） 1 顆

1 將 A 放入調理盆拌勻，盛盤後撒上蛋屑。

材料（2 人份）

鹽味香檸即食雞胸（p29，切成 2cm 雞丁） 1 片
青花椰菜（分成小朵） ½ 棵（120g）
A｜原味優格 2 大匙
　｜起司粉、橄欖油 各 1 小匙
　｜鹽 一撮
辣椒粉 少許

1 青花椰菜沾水後放入耐熱調理盆，用保鮮膜輕
　輕蓋上，放進微波爐加熱 2 分 30 秒後瀝乾。

2 將步驟 1 與雞丁盛盤，加入拌勻的 A，最後撒
　上辣椒粉即完成。

052

黃瓜雞丁

包飯醬拌

用味噌和韓式辣醬，調配出改良版的韓式包飯醬。

小黃瓜切絲更可以吸附醬料。

雞丁切大塊一些，提升分量感。

051

佐梅乾

西洋芹雞肉沙拉

梅乾的酸與橄欖油碰撞出嶄新的美味。

低卡的芹菜口感爽脆，飽足感也無話可說。

1 人份

蛋白質 **31**g

202kcal

醣類 **4.4**g

1 人份

蛋白質 **29.4**g

196kcal

醣類 **2.9**g

材料（2 人份）

經典原味即食雞胸（p28，切 1cm 薄片）　1 片

小黃瓜（斜切薄片後切絲）　½ 條

A　味噌　1 大匙

　　韓式辣醬、香油　各 1 小匙

1 將所有材料放進調理盆，攪拌均勻。

材料（2 人份）

鹽味香檬即食雞胸（p29，切成 2cm 雞丁）　1 片

西洋芹（切 2cm 小段，芹菜葉切約 4cm 寬）　50g

酸梅乾（壓碎）　1 顆

橄欖油　2 小匙

1 將所有材料放進調理盆，攪拌均勻。

054

涼拌紅蘿蔔雞絲

改良自涼拌青木瓜，用泰式魚露與檸檬，搭配出兼具香氣與鮮味的泰式涼菜。

紅蘿蔔不必抹鹽，維持一定的口感更能達到減重效果。

1 人份

蛋白質 **29.8**g

168kcal

醣類 **4.1**g

053

七味海帶拌味噌雞

只用味噌做簡單的調味，再用微辣的七味粉增添層次感。

海帶的口感佳、香氣迷人，有助於調整腸道。

1 人份

蛋白質 **30.7**g

176kcal

醣類 **4**g

材料（2 人份）

鹽味香檸即食雞胸（p29，切絲） 1 片

紅蘿蔔（切絲） ⅓ 根（50g）

A｜ 泰式魚露、檸檬汁 各 1 小匙
　｜ 紅辣椒（切小段） 1 條

1 將所有材料放進調理盆，攪拌均勻。

材料（2 人份）

A｜ 經典原味即食雞胸（p28，切 1cm 薄片再對半切）
　｜ 1 片
　｜ 乾燥海帶（泡開後瀝乾）、味噌 各 1 大匙

七味粉 少許

1 將 A 放入調理盆拌勻，盛盤後撒上七味粉。

055

梅香水菜柴魚沙拉

梅子的酸味與柴魚片都是很清爽的口味。

低卡的水菜帶來滿滿的飽足感，

改用萵苣或蘿蔔嬰取代也很適合。

1 人份

蛋白質 **35.3**g

249kcal

醣類 **3.6**g

---

1 人份

蛋白質 **30.5**g

188kcal

醣類 **2.4**g

056

柑橘醋香油拌豆腐沙拉

雞肉和豆腐是高蛋白組合，以柑橘醋為基底，

除了芝麻與香油的香氣，也添加薑汁，

調配出清爽一夏的沙拉醬。

材料（2 人份）

經典原味即食雞胸（p28，切絲） 1 片

板豆腐（切 1cm 厚） ½ 塊（150g）

紅葉萵苣（撕小片狀） 1 片

A｜柑橘醋醬汁 1 大匙

香油、薑泥、熟白芝麻 各 1 小匙

1 依序將紅葉萵苣、豆腐和雞絲盛盤，淋上拌勻的 A，完成。

材料（2 人份）

經典原味即食雞胸（p28，斜刀切 7mm 薄片） 1 片

水菜（切 4cm 小段） 1 把（40g）

柴魚片 1 包（1g）

A｜酸梅乾（壓碎） 1 顆

醬油、醋 各 ½ 大匙

香油 1 小匙

1 依序將水菜、雞肉片和柴魚片盛盤，淋上拌勻的 A，完成。

058

酪梨檸檬辣雞丁

香濃的酪梨，加上讓食物不易變色的檸檬，讓整體口味更清爽。雞肉切成丁，看起來比較有分量。辣椒粉負責增添整體味道的層次。

1 人份

蛋白質 **30.4**g	
249kcal	
醣類 **4.1**g	

材料（2 人份）

鹽味香檸即食雞胸（p29，切成 2cm 雞丁）　1 片
酪梨（去皮去籽，切成 2cm 塊狀）　½ 顆（100g）
檸檬汁　2 小匙
辣椒粉　½ 小匙
鹽、黑胡椒　少許

1 將所有材料放進調理盆，攪拌均勻。

057

青椒番茄拌花生

以番茄醬與醬油調味，再添加花生的香氣與口感。雞肉絲可撕細一點，讓味道更容易吸附。

1 人份

蛋白質 **31.1**g	
205kcal	
醣類 **5.8**g	

材料（2 人份）

經典原味即食雞胸（p28，撕成細絲）　1 片
日本青椒（直切細絲）　2 顆（8g）
奶香花生　10 粒
番茄醬　1 大匙
醬油　1 小匙

1 將所有材料放進調理盆，攪拌均勻。

060

蠔油味噌豆芽湯

滿滿的豆芽菜也不怕沒有飽足感。

就能做出這款味噌拉麵的湯頭。

用雞肉的蒜味和醇厚的蠔油，

1 人份

蛋白質 **31.6**g

185kcal

醣類 **5.6**g

059

秋葵雞丁薑湯

使用低醣的秋葵，吃得更健康。

其中的薑香略帶嗆勁。

鹽味香檸的湯汁溫潤順口，

1 人份

蛋白質 **29.9**g

164kcal

醣類 **2.9**g

材料（2 人份）

經典原味即食雞胸（p28，切絲）　1 片

A｜豆芽菜　½ 袋（100g）
　｜水　2 杯

B｜蠔油　1 大匙
　｜味噌　2 小匙

七味粉　少許

1 在平底鍋中加入 A 煮滾，接著放進雞絲和 B，
再次沸騰後，轉中火煮 1 ～ 2 分鐘。裝進容器，
撒上七味粉。

材料（2 人份）

鹽味香檸即食雞胸（p29，切成 1cm 雞丁）　1 片

秋葵（切 7 ～ 8mm 小段）　4 根（50g）

A｜薑泥、雞湯粉　各 1 小匙
　｜水　2 杯

1 在平底鍋中加入 A 煮滾，接著放進剩下的材
料，再次沸騰後，轉中火煮 1 ～ 2 分鐘。

永恆經典的雞胸肉配菜

塔塔醬炸雞、口水雞、日式炸雞、棒棒雞……這章集結了用雞胸肉做才好吃的經典配菜。雖然有炸物品項，但由於不用麵衣，所以能達到減醣目標，使用瀝油盤瀝油，也能控制熱量。而砂糖和美乃滋都可能讓醣類與熱量標高，要盡量少用。儘管如此，依然能端出一盤令人心滿意足的佳餚。

材料（2人份）

雞胸肉（用叉子戳洞） 1片（250g）

A｜鹽、砂糖 各一撮
　｜太白粉 ½ 大匙

B｜醬油、酒、醋 各2大匙
　｜味醂 2小匙
　｜水 ½ 杯

日本大蔥（切絲） ¼ 根

1 依 A 的順序加入雞肉，搓揉均勻，在平底鍋中
加入 B，大火煮滾，下雞肉，蓋上鍋蓋轉中火，
每面各煮4分鐘後，關火靜置至冷卻。

2 切成適合食用的大小後盛盤，鋪上日本大蔥並
淋上湯汁。

061

雞肉叉燒

只要照著步驟來，一把平底鍋就能做出來。

盡量縮短加熱時間，透過餘溫燜熟，肉質也會很軟嫩。

通常叉燒都要使用大量的調味料，不過這款雞肉叉燒盡可能少用調味料，

不但減少熱量，也讓味道較清爽。

雞肉叉燒可以配麵吃，也適合加上水菜做成沙拉。

1 人份

蛋白質 **30.7**g

203kcal

醣類 **7.9**g

口水雞

這是可以用微波爐速成的一款口水雞，
鋪上滿滿的日本大蔥，淋上又嗆又香的辣油。
如果再添上青紫蘇或山芹菜、日本生薑或香菜等香料蔬菜，
美味一樣不打折。

1 人份

蛋白質 **30**g

220kcal

醣類 **4.1**g

材料（2 人份）

雞胸肉（用叉子戳洞） 1 片（250g）

A │ 鹽　一撮
　│ 太白粉　½ 大匙

酒　2 大匙

B │ 日本大蔥（切碎）　⅓ 根
　│ 雞湯　1 大匙
　│ 醬油、醋　各 2 小匙
　│ 香油、辣油、熟白芝麻　各 1 小匙

1 A 依順序加入雞肉裡，搓揉均勻，放進耐熱調
理盆時淋上酒，包上保鮮膜，微波加熱 2 分鐘
⇒翻面，繼續加熱 2 分鐘，取出靜置 10 分鐘（保
留湯汁）。

2 切成適合食用的大小後盛盤，淋上拌勻的 B，
完成。

064

日式醬油炸雞

加上熟白芝麻可以增添香氣。

做出人人愛吃的經典口味，

充分提取薑味，

1 人份

蛋白質 **30.1**g

283kcal

醣類 **8.3**g

材料（2 人份）

雞胸肉（斜刀切大塊）　1 片（250g）

A│醬油、酒　各 1 大匙
　│味醂、熟白芝麻　各 1 小匙
　│薑泥　2 小匙

太白粉　1½ 大匙

沙拉油　4 大匙

1 A 依順序加入雞肉裡，搓揉均勻，再均勻沾裹
　 太白粉，平底鍋中倒入沙拉油，熱鍋後下雞
　 肉，轉中火煎炸，每面各 2 分鐘，煎炸完起鍋
　 瀝油。

＊炸粉較少容易噴油，請小心。

063

日式鹽味炸雞

要趁粉被搓揉吸進去之前立刻下油鍋。

雞肉搓揉太白粉後，

輕盈的鹽味最適合夏天。

美乃滋讓肉質變軟嫩。

1 人份

蛋白質 **29.3**g

298kcal

醣類 **6.2**g

材料（2 人份）

雞胸肉（斜刀切大塊）　1 片（250g）

A│鹽　½ 小匙
　│酒、美乃滋　各 1 大匙
　│太白粉　1½ 大匙

沙拉油　4 大匙

奶油萵苣　依喜好調整

1 A 依順序加入雞肉裡，搓揉均勻，平底鍋中倒
　 入沙拉油，熱鍋後下雞肉，轉中火煎炸，每面
　 各 2 分鐘，煎炸完起鍋瀝油。

2 盛盤，佐以奶油萵苣即完成。

＊炸粉較少容易噴油，請小心。

065

日式咖哩炸雞

香氣十足的咖哩，搭配蠔油的醇厚與鮮味。炸粉用吸油率低的太白粉，可以達到降低熱量的效果。

材料（2 人份）

雞胸肉（斜刀切大塊）
　1 片（250g）
A｜蠔油、酒　各 1 大匙
　｜咖哩粉　1 小匙
太白粉　1½ 大匙
沙拉油　4 大匙
紅葉萵苣（撕成片狀）
　依喜好調整

1 A 依順序加入雞肉裡，搓揉均勻，再均勻沾裹太白粉，平底鍋中倒入沙拉油，熱鍋後下雞肉，轉中火煎炸，兩面各 2 分鐘，煎炸完起鍋瀝油。

2 盛盤，佐上紅葉萵苣即完成。

＊炸粉較少容易噴油，請小心。

> 1 人份
> 蛋白質 **30**g
> **271**kcal
> 醣類 **7.9**g

066

> 1 人份
> 蛋白質 **29.3**g
> **274**kcal
> 醣類 **9**g

日式梅香炸雞

炸雞吸附了梅乾的酸，以及味酥的清甜，是一款鹹鹹甜甜的佳餚。搭配蔬菜吃，保證一口接一口。

材料（2 人份）

雞胸肉（斜刀切大塊）
　1 片（250g）
A｜酸梅乾（輕壓不至太碎）　2 顆
　｜酒、味酥　各 2 小匙
太白粉　1½ 大匙
沙拉油　4 大匙
水菜（切 4cm 小段）　依喜好調整

1 A 依順序加入雞肉裡，搓揉均勻，再均勻沾裹太白粉，平底鍋中倒入沙拉油，熱鍋後下雞肉，轉中火煎炸，每面各 2 分鐘，煎炸完起鍋瀝油。在盤底鋪上水菜，即可盛盤。

＊炸粉較少容易噴油，請小心。

067 日式塔塔醬炸雞

不但能補充蛋白質，也讓滋味更輕盈。

減醣版的糖醋醬用的是檸檬汁，塔塔醬則是改用優格和豆漿，

雞肉切得比較厚實，看起來分量十足。

材料（2人份）

雞胸肉（斜刀切6等份）

　1片（250g）

A｜鹽、砂糖　各¼小匙

　｜太白粉　1½大匙

B｜醬油、檸檬汁　各2小匙

C｜全熟水煮蛋（用叉子壓碎）

　　　1顆

　｜原味優格、無糖豆漿

　　　各1大匙

　｜鹽　少許

沙拉油　4大匙

乾燥巴西里　依喜好調整

1 人份

蛋白質 **33.3**g

294kcal

醣類 **7.4**g

1 A依順序加入雞肉裡，搓
揉均勻，平底鍋中倒入沙
拉油，熱鍋後下雞肉，轉
中火煎炸，每面各2分
鐘，煎炸完起鍋瀝油。

2 B攪拌均勻淋在雞肉上，
讓雞肉吸附醬汁後盛盤，
再淋上拌勻的C，最後撒
上巴西里即完成。

＊炸粉較少容易噴油，請小心。

068 米蘭起司雞

起司和羅勒的濃郁香氣也可以增添飽足感。

炸粉減量可以達到減醣的效果，

雞肉＋雞蛋是補充蛋白質的組合，

材料（2人份）

雞胸肉（斜刀切6等份）

　1片（250g）

A｜鹽、砂糖　各½小匙

B｜麵粉　1½大匙

　｜起司粉　2小匙

　｜乾燥羅勒　1小匙

雞蛋　1顆

奶油　10g

1 人份

蛋白質 **33.8**g

259kcal

醣類 **6.3**g

1 A依順序加入雞肉裡，搓
揉均勻，裹上拌勻的B，
再沾附蛋液。

2 奶油放入平底鍋，加熱，
讓奶油融化，轉中火煎步
驟1，每面各2分鐘，完
成。

材料（2人份）

雞胸肉（用叉子戳洞）　1 片（250g）

A｜鹽、砂糖　各 ½ 小匙
　｜太白粉　1½ 大匙

香油　1 大匙

B｜日本大蔥（切碎）　⅓ 根
　｜醬油、醋　各 1 大匙

1 A 依順序加入雞肉裡，搓揉均勻，平底鍋中倒入香油，熱鍋後下雞肉，轉中火煎炸，每面各 2 分鐘。接著蓋上鍋蓋，轉小火燜燒 6 分鐘，起鍋瀝油。

2 切成適合食用的大小後盛盤，淋上拌勻的 B。

材料（2人份）

雞胸肉（斜刀切大塊）　1 片（250g）

A｜鹽　一撮
　｜太白粉　1½ 大匙

B｜醬油、酒　各 2 小匙
　｜蒜泥　1 小匙

美乃滋　1½ 大匙

沙拉油　2 小匙

紅葉萵苣　依喜好調整

1 A 依順序加入雞肉裡，搓揉均勻，平底鍋中倒入沙拉油，熱鍋後下雞肉，轉中火煎 1 分 30 秒，翻面，再加入拌勻的 B，煎 1 分鐘。關火，拌入美乃滋。

2 盛盤，佐上紅葉萵苣即完成。

070

椒麻雞

雞肉不用下油鍋，而是改以多一點油燜燒，讓肉質軟嫩的同時維持低卡。香料醬汁用醋做重點調味，吃起來很清爽。

1 人份

蛋白質 **30**g

244kcal

醣類 **8.2**g

069

照燒美乃雞

改良版的照燒醬不加砂糖，而是增添蒜香。美乃滋熱量較高，最好關火後再拌，較能吃到美乃滋的風味。

1 人份

蛋白質 **29.9**g

266kcal

醣類 **3.6**g

材料（2人份／8塊）

雞胸肉（切細絲）　1片（250g）

A | 美乃滋、麵粉　各1大匙
| 鹽　¼ 小匙

沙拉油　4大匙

巴西里　依喜好調整

1 A加入雞肉裡，搓揉均勻，分成8等份的塊狀。

2 平底鍋中倒入沙拉油，熱鍋後下步驟 **1**，轉中
火煎炸，每面各2分鐘，煎炸完起鍋瀝油。盛
盤，撒上一撮鹽（分量外），再放入巴西里即完成。

072

雞塊

半煎炸是少油的烹調法，可以減少熱量。

調味只用美乃滋和鹽也相當美味。

用雞胸肉做出高蛋白雞塊。

1人份
蛋白質 **29.6**g
280kcal
醣類 **3.7**g

材料（2人份）

雞胸肉（用叉子戳洞）　1片（250g）

A | 鹽　½ 小匙
| 太白粉　½ 大匙

酒　2大匙

B | 萵苣（撕大片）　1片
| 小黃瓜（斜切薄片後切絲）　1條

C | 美乃滋　1大匙
| 醬油、白芝麻粉　各2小匙

奶香花生（切細碎）　10粒

1 A依順序加入雞肉裡，搓揉均勻，放進耐熱調
理盆，淋上酒，包上保鮮膜，微波加熱2分鐘
⇒翻面，繼續加熱2分鐘，取出靜置10分鐘。

2 將步驟 **1** 撕成大片的雞絲，和 B 一起盛盤，淋
上拌勻的 C 和花生。

071

棒棒雞

微波加熱雞肉後，撕出大片一點的雞絲增添飽足感。

醬汁中帶有堅果的香氣，吃一口就能配大把蔬菜。

1人份
蛋白質 **32**g
269kcal
醣類 **5.2**g

蔬菜雞肉捲

四季豆可以改用紅蘿蔔、蘆筍或青椒取代。

儘管甜甜鹹鹹的味酥減量，滿足感依然不減。

內餡用了帶有甜味的紅椒，

1 人份
蛋白質 **31**g
235kcal
醣類 **6.7**g

材料（2 人份）

雞胸肉（劃刀攤平後用擀麵棍敲薄，參考 p6）
　1 片（250g）

A｜鹽、砂糖　各 ¼ 小匙

四季豆（去粗筋）　4 根（30g）

紅椒（直切成 7～8mm 寬）　¼ 小顆（35g）

B｜醬油、酒　各 2 大匙
　　味酥　2 小匙

沙拉油　2 小匙

1 四季豆沾水後放入耐熱調理盆，撒上少許鹽（分量外）後，用保鮮膜輕輕蓋上，放進微波爐加熱 2 分鐘。

2 A 依順序加入雞肉裡，搓揉均勻，將雞肉攤開，在內側鋪上步驟 1 與紅椒，由內往外緊緊捲起（a）。平底鍋中倒入沙拉油，熱鍋後下肉捲，封口向下煎至密合，接著再轉中火煎 3 分鐘⇒加入 B 後蓋上鍋蓋，轉小火煎 5 分鐘，不時翻動肉捲。關火，靜置到餘溫冷卻為止。切成適合食用的大小後盛盤，完成。

香煎起司夾心

煎得酥脆的表面散發出香氣，真是可口。

既濃郁又清爽，

雞肉中夾入青紫蘇和起司，

1 人份
蛋白質 **31.6**g
236kcal
醣類 **3.9**g

材料（2 人份）

雞胸肉（戳洞，橫向片開 2/3 勿切斷）
　1 片（250g）

A｜鹽　½ 小匙
　　酒　1 大匙

青紫蘇（對半直切）　2 片

起司片（對半直切）　1 片

麵粉　1 大匙

沙拉油　2 小匙

1 A 依順序加入雞肉裡，搓揉均勻，再依序夾入青紫蘇和起司，並將整體裹上麵粉。

2 平底鍋中倒入沙拉油，熱鍋後下步驟 1，轉中火煎，每面各 2 分鐘，接著蓋上鍋蓋，轉小火燜燒 6 分鐘。切成適合食用的大小後盛盤，完成。

材料（2 人份）

雞胸肉（劃刀攤平後用擀麵棍敲薄，參考 p6）
　1 片（250g）
A｜鹽、砂糖、黑胡椒　各 ½ 小匙

1 A 撒在雞肉的兩面，搓揉入味，將雞肉攤開，
由內往外緊緊捲成肉捲（a）。先用保鮮膜包住，
兩側扭緊，排除空氣（參照下方的 c），再包一層鋁
箔紙（b）。

2 平底鍋中倒入深度高於雞肉捲一半的水，將水
煮滾後放入雞肉捲，轉較小的中火（水面稍有波動
即可）煮 8 分鐘，並不時翻動肉捲。煮完蓋上鍋
蓋，靜置至冷卻。切成適合食用的大小後盛
盤，完成。

＊冷藏可保存約 5 天。
＊也可改以微波爐烹調，請參考下方「味噌蒜香雞肉火腿」。

075

雞肉火腿

煮的時候用較小的火候，
透過餘溫燜熟，讓肉質無比濕潤。
微嗆的胡椒是成熟的大人口味。

1 人份
蛋白質 **29.2**g
150kcal
醣類 **1.2**g

076

味噌蒜香雞肉火腿

用微波爐就能搞定的懶人餐。
大蒜和味噌組合起來相當重口味。
等肉捲完全冷卻後，就能切得整齊漂亮。

材料（2 人份）

雞胸肉（劃刀攤平後用擀麵棍敲薄，參考 p6）
　1 片（250g）
A｜鹽、砂糖　各 ½ 小匙
B｜味噌　1½ 大匙
　　蒜泥　1 小匙

1 A 和 B 依順序加入雞肉
裡，搓揉均勻，將雞肉
攤開，由內往外緊緊捲
成肉捲，再用保鮮膜包
住，兩側扭緊，排除空
氣（c）。

2 肉捲放上耐熱盤，保鮮
膜兩端往下壓，以微波
加熱 2 分 30 秒⇒翻面，
繼續加熱 2 分 30 秒，
取出靜置 10 分鐘。切
成適合食用的大小後盛
盤，完成。

＊也可改以平底鍋烹調，請參
考上方「雞肉火腿」。

1 人份
蛋白質 **31**g
177kcal
醣類 **3.7**g

換個切法，又是另一種美味！

雞胸肉很常使用到斜刀切，但其實只要換一種切法，口感與滋味就會截然不同。這裡將介紹 4 種刀工，每一種刀工的重點都在於破壞纖維，讓雞肉更快熟，口感更軟嫩。破壞纖維後再調味，會更容易入味，大幅提升飽足感。

側面橫剖

雞胸肉的大小不變，但是厚度減半，不但能保留視覺上的分量感，也能大幅縮短加熱時間。除了飽足感，視覺上也很美味，適合做雞排或法式麥年。

1 側面橫剖一半

橫擺雞肉，從側面的中間點入刀，一路橫剖到底。

訣竅與剖魚的技巧相同，一手掀開雞肉的上半部，一手讓菜刀橫躺著往前推。橫剖到底後，雙面都用叉子戳洞。

斜刀切薄片

這種刀工不但能破壞纖維，切成薄片也能更快煮熟，讓肉質更多汁。斜刀切薄片最適合炒菜，如與蔬菜拌炒的「薑燒雞或回鍋肉」，更能補充到滿分的營養。

1 依紋路走向切分

雞胸肉的紋路走向大多分為 3 種，因此先將雞肉切分成如上圖這 3 種。

2 逆紋切

下刀方向與肌肉纖維垂直，菜刀放傾斜的角度，斜刀切 3～4mm 寬。

切成柳條

較粗的柳條狀，不但有咀嚼感也很有飽足感。

柳條更容易吸附調味料，口感也軟嫩無比。

如下酒菜一般的小菜「龍田炸雞柳條」，令人吃得興致高昂。

2

切成1cm的柳條狀

把切成薄片的長邊再分成2～3等份，切成1cm的柳條狀。

1

切成較長的薄片

雞肉直放，橫切成一半的長度，旋轉90度，直切成1cm寬的薄片。

切成肉絲

肉絲比柳條更短更細，除了看起來更有分量，也能與條狀材料及調味料做出更好的搭配。青椒肉絲、韓式烤肉或麻婆豆腐中的牛、豬與絞肉，都可以用雞肉絲取代，用途相當廣泛。

2

切成7～8mm的肉絲

將薄片切成7～8mm寬的肉絲，感覺比柳條狀更短更細。

1

切成較短的薄片

雞肉橫放，橫切成一半寬後，再直切成1cm寬的薄片。

078

法式麥年檸檬奶油

清爽的檸檬與濃郁的奶油，碰撞出輕盈的好滋味。雖然鹽用量少，但是有檸檬的酸就能凸顯出鹹味。

1 人份
蛋白質 **29.4**g
196kcal
醣類 **2.6**g

077

蒲燒風

以太白粉搓揉過的雞肉可以更軟嫩，更容易吸附醬汁。以減糖的方式，降低甜鹹口味的醬汁熱量。

1 人份
蛋白質 **30.6**g
191kcal
醣類 **5.4**g

077

材料（2 人份）

雞胸肉（側面橫剖後用叉子戳洞，參考 p50）
　1 片（250g）

A｜鹽　一撮
　　太白粉　½ 大匙
B｜醬油　1½ 大匙
　　酒、水　各 2 大匙
　　砂糖　1 小匙
蘿蔔嬰（切 2cm 小段）　⅓ 盒（約 15g）
熟白芝麻　1 小匙

1 A 依順序加入雞肉裡，搓揉均勻，平底鍋中加入 B 煮滾，下雞肉轉中火，其中一面煮 1 分鐘後翻面，蓋上鍋蓋，轉小火再煮 5 分鐘。

2 盛盤，撒上白芝麻，鋪上蘿蔔嬰後即完成。

078

材料（2 人份）

雞胸肉（側面橫剖後用叉子戳洞，參考 p50）
　1 片（250g）

A｜鹽　¼ 小匙
　　麵粉　½ 大匙
B｜檸檬汁　1 大匙
　　無蠟黃檸檬薄片（可有可無）　4 片
　　奶油　10g

1 將雞肉斜切成一半，A 依順序加入雞肉裡，搓揉均勻。平底鍋中放入 B，加熱至奶油融化後，放入雞肉，蓋上鍋蓋，轉小火每面各煎 2 分鐘。

材料（2人份）

雞胸肉（側面橫剖後用叉子戳洞，參考p50） 1 片（250g）

A | 鹽 一撮
　 | 太白粉 ½ 大匙

B | 甜辣醬 1 大匙
　 | 蠔油 2 小匙
　 | 蒜泥 ½ 小匙

沙拉油 2 小匙

香菜（切 4cm 小段） 依喜好調整

079

韭菜醋煎雞排

低醣韭菜＋高蛋白雞肉的健康餐。
韭菜切段後會散發香氣，搭配柑橘醋一起炒，
無論滿足感或調味上都相當完美。

1 人份

蛋白質 **29.9**g

216kcal

醣類 **6.7**g

080

泰式烤雞

又甜又辣的甜辣醬、醇厚的蠔油，
交織出這一道經典的泰式烤雞，
推薦搭配香氣十足的香菜一起享用。

1 人份

蛋白質 **29.6**g

200kcal

醣類 **3**g

材料（2人份）

雞胸肉（側面橫剖後用叉子戳洞，參考p50）

　 1 片（250g）

A | 鹽 一撮
　 | 太白粉 ½ 大匙

B | 韭菜（切小段） ¼ 把（25g）
　 | 薑泥 1 小匙
　 | 柑橘醋醬汁 1 大匙

香油 2 小匙

1 A 依順序加入雞肉裡，搓揉均勻，平底鍋中倒
　 入沙拉油，熱鍋後下雞肉，轉中火煎 2 分鐘，
　 翻面，再加入 B，蓋上鍋蓋，轉小火煎 3 分鐘。

2 盛盤，鋪上香菜即完成。

1 將雞肉斜切成一半，A 依順序加入雞肉裡，搓
　 揉均勻。平底鍋中倒入香油，熱鍋後下雞肉，
　 轉中火煎 2 分鐘，翻面，再加入拌勻的 B，蓋
　 上鍋蓋，轉小火煎 3 分鐘。

材料（2人份）

雞胸肉（切成柳條狀，參考p51） 1片（250g）

A｜美乃滋 2大匙

　　起司粉、乾燥巴西里 各2小匙

　　鹽 ¼小匙

綜合嫩葉生菜 依喜好調整

1 A依順序加入雞肉裡，搓揉均勻，靜置10分鐘以上。

2 平底鍋中放入步驟1後蓋上鍋蓋，開較小的中火煎5分鐘，並不時翻動。盛盤，佐以綜合嫩葉生菜即完成。

081

巴西里美乃滋煎雞柳

用美乃滋醃漬，將雞肉燜熟的無油低卡餐。除此之外，也吃得到香濃的起司味。巴西里可以改用羅勒或奧勒岡取代。

1人份
蛋白質 **30.8**g
246kcal
醣類 **1.7**g

082

牙買加烤雞（香料雞）

使用咖哩粉烹調出香料感十足的牙買加料理。優格醃漬的雞肉會變得相當濕潤，是一道無油燜燒的低卡餐。

1人份
蛋白質 **30.7**g
186kcal
醣類 **5.5**g

材料（2人份）

雞胸肉（切成柳條狀，參考p51） 1片（250g）

A｜原味優格 4大匙

　　番茄醬、伍斯特醬 各2小匙

　　咖哩粉、蒜泥 各1小匙

紅葉萵苣（切絲） 依喜好調整

1 A依順序加入雞肉裡，搓揉均勻，靜置10分鐘以上。

2 平底鍋中放入步驟1後蓋上鍋蓋，開較小的中火煎5分鐘，並不時翻動。在盤底鋪上紅葉萵苣後，將雞肉盛盤。

084

韓式雞絲煎蛋

韓式煎餅的改良版，雞絲與煎蛋是高蛋白組合，煎的時候不必翻面，是一款煎單面即可的懶人料理。沾醋醬油吃一樣美味。

1 人份

蛋白質 **35.7**g

286kcal

醣類 **6.3**g

083

薑燒雞肉片

雞胸肉切成薄片後吸附醬汁，分量感不輸豬肉！洋蔥的醣類含量比較高，所以不能用太多。

1 人份

蛋白質 **30.4**g

228kcal

醣類 **7.9**g

材料（2 人份）

雞胸肉（切成肉絲，參考 p51） 1 片（250g）

A｜鹽　一撮
　｜酒、太白粉　各 ½ 大匙

B｜雞蛋　2 顆
　｜蔥（切 3cm 小段）　18g
　｜太白粉　1 大匙
　｜鹽　一撮
　｜黑胡椒　少許

香油　2 小匙

1 A 依順序加入雞肉裡，搓揉均勻，平底鍋中倒入香油，熱鍋後下雞肉，轉中火炒 1 分 30 秒，炒至上色後倒入拌勻的 B，蓋上鍋蓋，轉小火煎 4 分鐘。

2 切成適合食用的大小後盛盤，完成。

材料（2 人份）

雞胸肉（斜刀切薄片，參考 p50） 1 片（250g）

A｜鹽　一撮
　｜太白粉　½ 大匙

洋蔥（切 2cm 寬的瓣狀）　½ 顆（100g）

B｜醬油　1 大匙
　｜酒、薑泥　各 2 小匙
　｜味醂　1 小匙

沙拉油　2 小匙

1 A 依順序加入雞肉裡，搓揉均勻，平底鍋中倒入沙拉油，熱鍋後下雞肉和洋蔥，轉中火炒 2 分 30 秒，再加入拌勻的 B，炒 1 分鐘，完成。

085

青椒肉絲

青椒肉絲是經典菜色，通常是使用牛肉或豬肉，這次改用雞胸肉。醇厚的蠔油中帶有鮮味，不必加砂糖，美味依然不打折。青椒可改用甜椒或蘆筍取代。

材料（2 人份）

雞胸肉（切成肉絲，參考 p51） 1 片（250g）

A │ 鹽 一撮
　　太白粉 ½ 大匙

大蒜（切碎） 1 瓣

日本青椒（直切細絲） 2 顆（8g）

B │ 蠔油、醬油、酒 各 2 小匙

香油 2 小匙

1 A 依順序加入雞肉裡，搓揉均勻。

2 平底鍋中加入香油和大蒜，開小火爆香，放入雞肉，再放入青椒，轉中火炒 2 分 30 秒，最後加入拌勻的 B，炒 1 分鐘。

086

番茄韓式烤肉

改良自韓式烤牛肉，改用雞絲吸附番茄的酸味與辣醬的辣味。番茄用量較少，可以達到減醣的效果。

材料（2 人份）

雞胸肉（切成肉絲，參考 p51） 1 片（250g）

A │ 鹽 一撮
　　太白粉 ½ 大匙

番茄（切 6 等份的瓣狀） ½ 顆（100g）

B │ 韓式辣醬、醬油、酒 各 2 小匙

香油 2 小匙

1 A 依順序加入雞肉裡，搓揉均勻，平底鍋中倒入香油，熱鍋後下雞肉，轉中火炒 2 分 30 秒，再加入番茄與拌勻的 B，炒 1 分鐘。

材料（2人份）

雞胸肉（斜刀切薄片，參考 p50） 1 片（250g）

A｜鹽 一撮
　｜太白粉 ½ 大匙

高麗菜（切成 3cm 正方） 2 片（100g）

日本大蔥（斜切薄片） ⅓ 根

B｜味噌 1½ 大匙
　｜蠔油、醬油 各 2 小匙

沙拉油 2 小匙

材料（2人份）

雞胸肉（斜刀切薄片，參考 p50） 1 片（250g）

A｜鹽、黑胡椒 各 ¼ 小匙
　｜美乃滋 1 大匙

大蒜（薄片） 2 片

水煮綜合豆仁（瀝乾） 50g

橄欖油 1 大匙

1 A 依順序加入雞肉裡，搓揉均勻。

2 平底鍋中加入橄欖油和大蒜，開小火爆香，再將雞肉下鍋，轉中火炒 4 分鐘，最後加入綜合豆仁簡單翻炒。

088

回鍋肉

改良自回鍋肉，但是讓味噌的味道較明顯，做出口味較重的調味，藉此免去使用砂糖，達到減醣的效果。

肉片吸附了醬汁和日本大蔥的香氣，轉眼就吃得一乾二淨。

> 1 人份
> 蛋白質 **32.6**g
> **243**kcal
> 醣類 **8.4**g

087

夏威夷蒜香雞肉片

蒜香奶油蝦的改良版，炒出香氣的蒜片帶有一股嗆味，加上黑胡椒更為嗆辣。

搭配上豆仁，成為蛋白質滿滿的一道餐點。

1 A 依順序加入雞肉裡，搓揉均勻，平底鍋中倒入沙拉油，熱鍋後下雞肉，轉中火炒 2 分鐘，再加入高麗菜、日本大蔥與拌勻的 B，炒 1 分 30 秒。

> 1 人份
> 蛋白質 **32**g
> **286**kcal
> 醣類 **6.1**g

089 日式打拋毛豆雞

泰式打拋用的是羅勒，日式改良版用的是青紫蘇。

不添加砂糖可以減醣，並改以毛豆增添甜味。

毛豆一顆一顆慢慢吃，也能達到減重效果。

1 人份

蛋白質 **36.5**g

276kcal

醣類 **4.3**g

材料（2 人份）

雞胸肉（切成肉絲，參考 p51）
　1 片（250g）

A｜鹽　一撮
　｜太白粉　½ 大匙

冷凍毛豆（使用解凍的豆仁）　100g
青紫蘇（撕成片狀）　5 片

B｜泰式魚露　2 小匙
　｜蠔油　1 小匙

沙拉油　2 小匙

1 A 依順序加入雞肉裡，搓揉均勻，平底鍋中倒入沙拉油，熱鍋後下雞肉，轉中火炒 2 分鐘，再加入毛豆與 B，炒 1 分鐘。關火，加入青紫蘇片簡單拌開即完成。

090 泰式咖哩蛋炒雞

正宗的泰式咖哩是炒蟹，改良版炒的是雞胸肉。

加上雞蛋可以補充更多蛋白質。

南洋口味配上香菜，碰撞出經典好滋味。

1 人份

蛋白質 **36**g

274kcal

醣類 **3.3**g

材料（2 人份）

雞胸肉（切成肉絲，參考 p51）　1 片（250g）

A｜鹽　一撮
　｜太白粉　½ 大匙

B｜雞蛋　2 顆
　｜蠔油、泰式魚露、咖哩粉　各 1 小匙

沙拉油　2 小匙
香菜（切 4cm 小段）　10g

1 A 依順序加入雞肉裡，搓揉均勻，平底鍋中倒入沙拉油，熱鍋後下雞肉，轉中火炒 3 分鐘。炒好的雞肉推到鍋邊，倒入拌勻的 B 後關火，將蛋液快速攪拌至半熟狀態。

2 盛盤，鋪上香菜即完成。

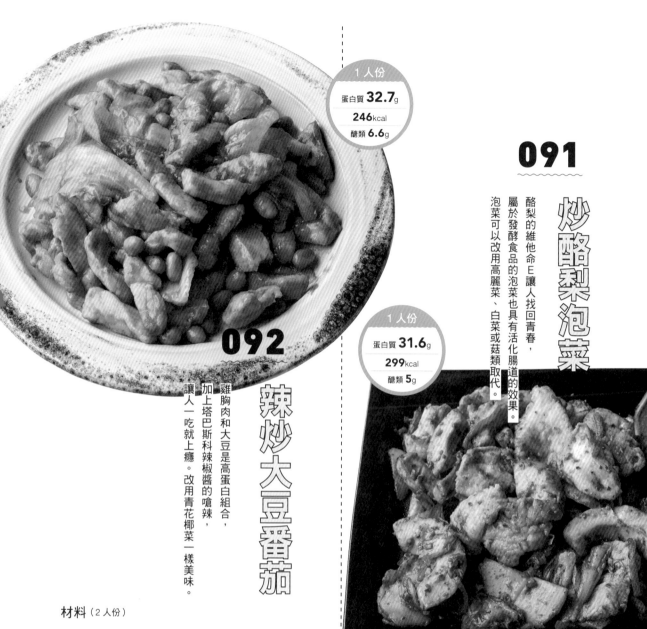

1 人份

蛋白質 **32.7**g

246kcal

醣類 **6.6**g

091

酪梨的維他命 E 讓人找回青春，
屬於發酵食品的泡菜也具有活化腸道的效果。
泡菜可以改用高麗菜、白菜或菇類取代。

炒酪梨泡菜

1 人份

蛋白質 **31.6**g

299kcal

醣類 **5**g

092

雞胸肉和大豆是高蛋白組合，
加上塔巴斯科辣椒醬的嗆辣，
讓人一吃就上癮。改用青花椰菜一樣美味。

辣炒大豆番茄

材料（2 人份）

雞胸肉（切成肉絲，參考 p51） 1 片（250g）

A｜鹽 一撮
　｜太白粉 ½ 大匙

水煮大豆（瀝乾） 50g

萵苣（撕大片） 1 片

B｜番茄醬 2 大匙
　｜塔巴斯科辣椒醬 ½ 小匙

沙拉油 2 小匙

1 A 依順序加入雞肉裡，搓揉均勻，平底鍋中倒
入沙拉油，熱鍋後下雞肉，轉中火炒 3 分鐘，
再加入大豆、萵苣與 B，炒 30 秒。

材料（2 人份）

雞胸肉（斜刀切薄片，參考 p50） 1 片（250g）

A｜鹽 一撮
　｜太白粉 ½ 大匙

B｜酪梨（去皮去籽，切成 1cm 寬） ½ 顆（100g）
　｜韓式泡菜 100g

醬油 1 小匙

香油 2 小匙

1 A 依順序加入雞肉裡，搓揉均勻，平底鍋中倒
入香油，熱鍋後下雞肉，轉中火炒 2 分 30 秒，
再加入 B 與醬油，炒 1 分鐘。

094

台式
蠔油炒茄子

蠔油加上黑胡椒，做出帶有嗆勁的料理。茄子切成滾刀塊炒至軟爛，吃起來更美味。

1 人份

蛋白質 **31.6**g

242kcal

醣類 **5.9**g

材料（2 人份）

雞胸肉（斜刀切薄片，參考 p50） 1 片（250g）

A｜鹽 一撮
　｜太白粉 ½ 大匙

茄子（滾刀切長塊） 1 條（80g）

B｜蠔油 1 大匙
　｜黑胡椒 1 小匙

香油 2 小匙

奶香花生 10 粒

1 A 依順序加入雞肉裡，搓揉均勻，平底鍋中倒入香油，熱鍋後下雞肉和茄子，轉中火炒 2 分 30 秒，再加入 B，炒 1 分鐘。

2 盛盤，撒上花生即完成。

093

醬炒起司雞

起司和醬油的香氣令人食指大動。加入卡門貝爾起司，為人體提供更多蛋白質。起司可用切片起司或披薩用乳酪絲取代。

1 人份

蛋白質 **34.4**g

272kcal

醣類 **2.7**g

材料（2 人份）

雞胸肉（斜刀切薄片，參考 p50） 1 片（250g）

A｜鹽 一撮
　｜太白粉 ½ 大匙

卡門貝爾起司（直切 6 等份） ½ 塊（50g）

醬油 2 小匙

橄欖油 2 小匙

1 A 依順序加入雞肉裡，搓揉均勻，平底鍋中倒入橄欖油，熱鍋後下雞肉，轉中火炒 3 分鐘，最後加入起司和醬油簡單翻炒。

材料（2 人份）

雞胸肉（切成柳條狀，參考 p51）　1 片（250g）

A｜鹽　一撮
　｜太白粉　½ 大匙

日本青椒（去蒂，以牙籤戳一個洞）　10 條（40g）

B｜醬油　2 小匙
　｜七味粉　½ 小匙

奶油　10g

1 A 依順序加入雞肉裡，搓揉均勻，平底鍋中放入奶油，融化後放入雞肉，開中火炒 2 分 30 秒，加入青椒和 B，炒 1 分鐘。

材料（2 人份）

雞胸肉（切成肉絲，參考 p51）　1 片（250g）

A｜鹽　一撮
　｜太白粉　½ 大匙

秋葵（斜切 3 等份）　8 支（100g）

B｜薑（切絲）　1 片
　｜泰式魚露　1 大匙

奶油　10g

1 A 依順序加入雞肉裡，搓揉均勻，平底鍋中加熱奶油至融化後，加入雞肉，轉中火炒 2 分 30 秒，再加入秋葵和 B，炒 1 分鐘。

096

七味奶油炒青椒

奶油和醬油中加入七味粉，具有畫龍點睛的效果。日本青椒富含維他命，辣味讓人食慾大增，烹調前戳洞可以防止裂開。

1 人份

蛋白質 **30**g
201kcal
醣類 **3**g

095

奶油魚露炒秋葵

泰式魚露和奶油是亞洲口味的組合。秋葵有助於促進蛋白質的吸收，改用小松菜和菇類也很適合。

1 人份

蛋白質 **31.1**g
210kcal
醣類 **3.2**g

098 美乃滋酥炸雞

調味只用甜辣醬和美乃滋，卻能重現美乃滋蝦球的味道。少油、半煎炸的烹調方式，可以達到降低熱量的效果。

1 人份

蛋白質 **29.8**g

287kcal

醣類 **8.7**g

材料（2 人份）

雞胸肉（切成柳條狀，參考 p51） 1 片（250g）

A | 鹽 一撮
  | 麵粉 1½ 大匙

B | 甜辣醬、美乃滋 各 1 大匙

沙拉油 1 大匙

青花椰菜芽 依喜好調整

1 A 依順序加入雞肉裡，搓揉均勻，平底鍋中倒入沙拉油，熱鍋後下雞肉，轉中火煎炸 3 分 30 秒，並不時翻動，煎炸完加入 B 簡單拌開。

2 盛盤，鋪上青花椰菜芽即完成。

097 龍田炸雞柳條

柳條狀的雞肉比較快熟，用少量的油和半煎炸的方式就能做得酥脆。使用吸油量低的太白粉也是訣竅之一。

1 人份

蛋白質 **29.9**g

274kcal

醣類 **8.7**g

材料（2 人份）

雞胸肉（切成柳條狀，參考 p51） 1 片（250g）

鹽 一撮

A | 醬油、酒 各 1 大匙
  | 薑泥 1 小匙

太白粉 2 大匙

沙拉油 4 大匙

黃檸檬（切瓣狀） 依喜好調整

1 鹽和 A 依順序加入雞肉中，搓揉均勻，靜置 5 分鐘，再加入太白粉拌勻。平底鍋中倒入沙拉油，熱鍋後下雞肉，轉中火煎炸 4 分鐘，並不時翻動，煎炸完起鍋瀝油。

2 盛盤，佐上黃檸檬即完成。

＊炸粉較少容易噴油，請小心。

100

麻婆豆腐

調味料只用了蠔油和豆瓣醬。

水加少一些可以做出更重的口味，

切成肉絲的雞肉也能吸附更多味道。

1 人份

蛋白質 **34**g

258kcal

醣類 **5.6**g

099

法式奶香檸檬燉雞

這款白醬燉湯改良自法國的家庭料理，

以牛奶取代鮮奶油，可以降低熱量。

檸檬汁最後再加入，以免產生分離作用。

1 人份

蛋白質 **33**g

251kcal

醣類 **6.9**g

材料（2 人份）

雞胸肉（切成肉絲，參考 p51） 1 片（250g）

A｜鹽 一撮
　｜太白粉 ½ 大匙

嫩豆腐（切成 1.5cm 塊狀） ½ 塊（150g）

日本大蔥（切微碎） ⅓ 根

B｜蠔油、酒 各 1 大匙
　｜豆瓣醬 ½ 小匙
　｜水 ¼ 杯

香油 2 小匙

日本大蔥的蔥綠（切蔥花） 依喜好調整

1 A 依順序加入雞肉裡，搓揉均勻，平底鍋中倒入香油，熱鍋後下雞肉，轉中火煎 2 分 30 秒。加入 B 煮至沸騰，再加入豆腐和日本大蔥，轉較小的中火煮 1 分鐘。

2 盛盤，撒上蔥花即完成。

材料（2 人份）

雞胸肉（斜刀切薄片，參考 p50） 1 片（250g）

A｜鹽 ¼ 小匙
　｜太白粉 ½ 大匙

B｜鴻禧菇（剝開） 1 袋（100g）
　｜牛奶 ¾ 杯
　｜鹽 ¼ 小匙

檸檬汁 1 大匙

奶油 10g

無蠟黃檸檬薄片（可有可無） 依喜好調整

1 A 依順序加入雞肉裡，搓揉均勻，在平底鍋中加熱奶油至融化後，加入雞肉轉中火炒至微上色，再加入 B 轉較小的中火，煮 3 分鐘。

2 關火加入檸檬汁後盛盤，最後放上檸檬片即完成。

102

奶油雞咖哩湯

豆漿和雞胸肉提供雙倍的蛋白質。

湯咖哩中，帶有大蒜的香氣。

使用斜刀切的雞肉，可以節省烹調時間。

101

豆苗柚子胡椒豆漿湯

將富含蛋白質的豆漿煮成湯品。

柚子胡椒的嗆勁是這道菜的主味覺。

豆漿不要煮滾，以免產生分離作用。

材料（2 人份）

雞胸肉（斜刀切薄片，參考 p50） 1 片（250g）

A｜鹽 一撮
　　太白粉 ½ 大匙

大蒜（切碎） 1 瓣

B｜無糖豆漿 ¾ 杯
　　番茄醬 1½ 大匙
　　咖哩粉、醬油 各 2 小匙

奶油 10g

乾燥巴西里 依喜好調整

1 A 依順序加入雞肉裡，搓揉均勻。

2 平底鍋中加入奶油和大蒜，開小火爆香，接著放入步驟 **1** 炒至微上色，再加入 B，以較小的中火煮 3～4 分鐘。盛盤，撒上巴西里即完成。

材料（2 人份）

雞胸肉（斜刀切薄片，參考 p50） 1 片（250g）

A｜鹽 一撮
　　太白粉 ½ 大匙

豌豆苗（去根部） ½ 袋（約 50g）

B｜無糖豆漿 1 杯
　　柚子胡椒、醬油 各 1 小匙

1 A 依順序加入雞肉裡，搓揉均勻，平底鍋先加入 B，以較小的中火加熱，再加入雞肉與豌豆苗煮 4～5 分鐘。

材料（2 人份）

雞胸肉（斜刀切薄片，參考 p50） 1 片（250g）

A | 鹽 一撮
　| 酒、太白粉 各 ½ 大匙
B | 酸梅乾（壓碎） 1 顆
　| 秋葵 4 支（50g）
　| 醬油 2 小匙

1 A 依順序加入雞肉裡，搓揉均勻。

2 平底鍋中將足量的水煮滾，轉中火，下秋葵煮 1 分鐘，煮完取出切丁。接著放入步驟 **1**，轉中火煮 2 分鐘，煮完以冷水降溫並瀝乾，加入拌勻的 **B** 攪拌。

材料（2 人份）

雞胸肉（斜刀切薄片，參考 p50） 1 片（250g）

A | 鹽 一撮
　| 酒、太白粉 各 ½ 大匙
B | 洋蔥（切碎） ⅛ 顆（25g）
　| 檸檬汁 1 大匙
　| 橄欖油 2 小匙
　| 鹽、黑胡椒 各一撮

1 A 依順序加入雞肉裡，搓揉均勻，開中火以足量的熱水煮 2 分鐘，接著以冷水降溫並瀝乾。

2 盛盤，倒入拌勻的 **B** 後撒上黑胡椒（分量外）即完成。

104

梅香秋葵拌雞肉

透過酸梅與黏稠的秋葵，讓雞肉吸附調味，這兩項食材對於消除疲勞也有很好的效果。可冰鎮後享用。

1 人份

蛋白質 **30.3**g

171kcal

醣類 **3.4**g

103

洋蔥醬肉片

快速把斜刀切的雞胸薄片燙熟，做成涮肉風格。裹上太白粉可以製造滑嫩的口感，冰鎮吃一樣美味。

1 人份

蛋白質 **29.3**g

200kcal

醣類 **3.8**g

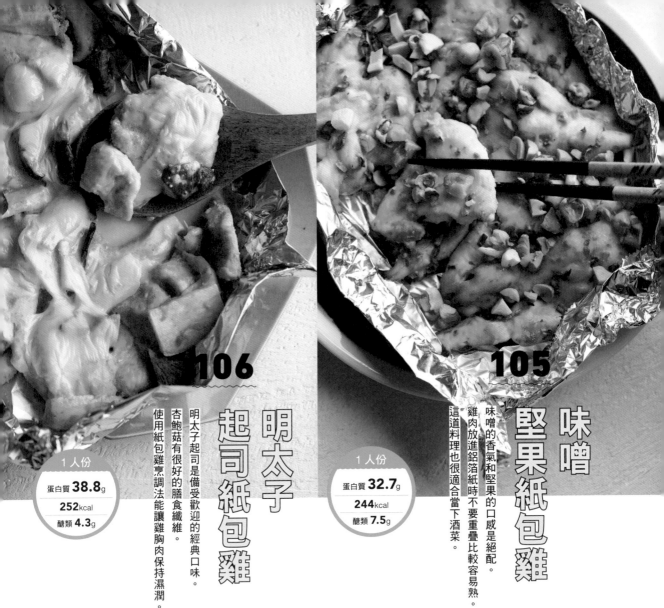

106 明太子起司紙包雞

明太子起司是備受歡迎的經典口味。

杏鮑菇有很好的膳食纖維。

使用紙包雞烹調法能讓雞胸肉保持濕潤。

1 人份

蛋白質 **38.8**g

252kcal

醣類 **4.3**g

材料（2 人份）

雞胸肉（斜刀切薄片，參考 p50） 1 片（250g）

A｜鹽 一撮

｜酒、太白粉 各 ½ 大匙

明太子（去除薄膜） 1 條（40g）

杏鮑菇（直橫各切一刀後切成薄片） 1 包（100g）

起司 2 片

1 A 依順序加入雞肉裡，搓揉均勻，加入明太子和杏鮑菇攪拌。鋁箔紙折出四邊，雞肉擺進去的時候不要重疊，把起司撕成片狀鋪在上面。烤箱預熱，放進紙包雞，加熱 10 分鐘。

105 味噌堅果紙包雞

味噌的香氣和堅果的口感是絕配。

雞肉放進鋁箔紙時不要重疊比較容易熟。

這道料理也很適合當下酒菜。

1 人份

蛋白質 **32.7**g

244kcal

醣類 **7.5**g

材料（2 人份）

雞胸肉（斜刀切薄片，參考 p50） 1 片（250g）

A｜酒、太白粉 各 ½ 大匙

｜味噌 1½ 大匙

蔥（切蔥花） 6g

綜合堅果（切碎） 20g

1 A 依順序加入雞肉裡，搓揉均勻，加入蔥花攪拌。鋁箔紙折出四邊，雞肉擺進去的時候不要重疊。烤箱預熱，放進紙包雞，加熱 10 分鐘。最後撒上堅果，完成。

108

法式起司
洋蔥湯

洋蔥以醬油大火拌炒，
快速炒出甜味與嗆味。鋪上起司，
做出一碗改良版的法式焗烤洋蔥湯。

1 人份

蛋白質 **32.3**g

247kcal

醣類 **6.4**g

107

薑味
白菜豆漿湯

白菜下鍋後再開火，
將鮮味和養分都完整保留在湯汁中。
加入薑片則是讓餘韻有點嗆味又不失輕盈。

1 人份

蛋白質 **37**g

256kcal

醣類 **9.4**g

材料（2 人份）

雞胸肉（切成肉絲，參考 p51） 1 片（250g）

A │ 鹽 一撮
　　│ 太白粉 ½ 大匙
洋蔥（薄片） ½ 顆（100g）
醬油 1 小匙
B │ 高湯塊 ½ 塊
　　│ 水 2 杯
奶油 10g
披薩用乳酪絲 20g

1 **A** 依順序加入雞肉裡，搓揉均勻。

2 平底鍋中加熱奶油至融化後，加入洋蔥與醬油
大火炒 2 ～ 3 分鐘，將洋蔥炒到軟化，接著加
入 **B** 煮至沸騰，再放入步驟 **1**，轉中火煮 2 分
鐘。盛盤，鋪上乳酪絲即完成。

材料（2 人份）

雞胸肉（切成肉絲，參考 p51） 1 片（250g）

A │ 鹽 一撮
　　│ 太白粉 ½ 大匙
B │ 白菜（切成 3cm 正方） 2 片（100g）
　　│ 薑（帶皮薄切） 1 片
　　│ 無糖豆漿 2 杯
　　│ 雞湯粉 1 小匙

1 **A** 依順序加入雞肉裡，搓揉均勻，平底鍋先加
入 **B**，以較小的中火加熱，再加入雞肉煮 4 ～ 5
分鐘。

2 盛盤，撒上少許黑胡椒（分量外）即完成。

110

109

金針菇酸辣湯

在酸酸辣辣的中式經典湯品中，加入金針菇的鮮味與膳食纖維。快速將雞胸肉煮熟，可以保持肉質的軟嫩。

義式大豆濃湯

番茄含有鮮味成分之一的麩胺酸，搭配純鹽的調味，組合出溫和順口的滋味。滿滿的大豆，為人體補充更多的蛋白質。

1 人份
蛋白質 **31.1**g
177kcal
醣類 **4.9**g

1 人份
蛋白質 **36**g
270kcal
醣類 **4.4**g

材料（2 人份）

雞胸肉（斜刀切薄片，參考 p50） 1 片（250g）

A｜鹽 一撮
　｜太白粉 ½ 大匙

金針菇（切 4 小段） 1 袋（100g）

B｜醬油、醋 各 2 小匙
　｜雞湯粉 1 小匙
　｜水 2 杯

辣油 少許

1 A 依順序加入雞肉裡，搓揉均勻，平底鍋中加入 B 煮滾後，放入雞肉和金針菇，再次沸騰轉中火，繼續煮 2 分鐘。

2 盛盤，淋上辣油即完成。

材料（2 人份）

雞胸肉（切成肉絲，參考 p51） 1 片（250g）

A｜鹽 一撮
　｜太白粉 ½ 大匙

B｜水煮大豆（瀝乾） 100g
　｜番茄（切成 1.5cm 塊狀） ½ 顆（100g）
　｜乾燥羅勒、鹽 各 ½ 小匙
　｜水 2 杯

橄欖油 2 小匙

1 A 依順序加入雞肉裡，搓揉均勻，平底鍋中倒入橄欖油，熱鍋後下雞肉，轉中火煎至微上色，接著加入 B，再次沸騰後繼續煮 2 分鐘。

萬用的
薑蔥蒸雞與水煮雞，
懶人佳餚輕鬆上桌

薑蔥蒸雞與水煮雞不同於即食雞肉，這兩種烹調法不必額外調味，只要有鹽和糖打底再水煮即可。沒有額外調味，但需要使用香料蔬菜和辣椒，才能徹底消除腥味。簡單的口味，搭配各式材料與調味料都能合作無間，不妨把雞肉一次煮起來保存，想吃的時候拿出來嘗試不同的改良口味。

材料（1 片份）

雞胸肉　1 片（250g）
A｜鹽、砂糖　各 ½ 小匙
　｜太白粉　1 小匙
薑（帶皮薄切）　1 片
日本大蔥的蔥綠　適量
B｜酒、水　各 2 大匙

1 人份
蛋白質 **29.2**g
169kcal
醣類 **3.1**g

＊1 人份是 ½ 片

薑蔥蒸雞 的作法

＼ 用微波爐 ／
＼ 更快完成 ／

111

只要微波加熱，任何時刻都能做出薑蔥蒸雞。記得用薑片和日本大蔥，雙管齊下去除腥味。只要每面各微波 2 分鐘，然後靜置 10 分鐘，用餘溫燜熟，就能做出水嫩多汁的雞胸。不過雞肉放太久會變得乾乾柴柴，建議儘早食用完畢。

3 微波 2 分鐘

鋪上薑片和蔥綠，繞圈澆上 **B**，以保鮮膜包起，放進微波爐加熱 2 分鐘。

1 戳洞

雞肉在室溫退冰後去皮，雙面都用叉子密集戳出小孔。

＊破壞雞肉纖維可提升肉質嫩度。

4 翻面再微波 2 分鐘

取出雞肉，翻面，再加熱 2 分鐘，取出，最後包著保鮮膜靜置 10 分鐘。

＊如果雞肉不夠熱，可以每面再各加熱 30 秒。
＊去除薑與蔥綠，將湯汁和雞肉裝入夾鏈保鮮袋，冷藏約可存放 3 天。

2 以調味料搓揉

將雞肉放入耐熱調理盆，**A** 依順序加入，每加入一項都要仔細搓揉，讓整塊雞肉吸附醃料。

材料（2片份）

雞胸肉　2 片（500g）

A｜鹽、砂糖　各 1 小匙
　｜太白粉　2 小匙

B｜薑（帶皮薄切）　1 片
　｜紅辣椒（去籽）　1 條
　｜酒　2 大匙

**用平底鍋
慢火煮**

112

水煮雞 的作法

水煮雞要注意火候，才煮得出多汁的肉質。開火時只要「小火」，水面有輕微波動即可。蓋上鍋蓋每面各煮 3 分鐘，最後以餘溫燜熟，靜置至冷卻。紅辣椒是用來去除腥味的，而且不會留下嗆辣的味道，給小孩吃也沒關係喔！

1　戳洞

雞肉在室溫退冰後去皮，雙面都用叉子密集戳出小孔。

＊ 破壞雞肉纖維可提升肉質嫩度。

3　每面各煮 3 分鐘

平底鍋中加入 B 及足以蓋過雞肉的水，煮至沸騰，下雞肉，蓋上鍋蓋，轉小火（水面只有輕微波動的程度），每面各煮 3 分鐘。

2　以調味料搓揉

將雞肉放入調理盆，A 依順序加入，每加入一項都要仔細搓揉，讓整塊雞肉吸附醃料。

4　靜置至冷卻

關火，蓋著鍋蓋靜置到冷卻為止。

＊ 去除薑和紅辣椒，將適量的湯汁和雞肉裝入夾鏈保鮮袋，冷藏約可存放 5 天。

醬料的美味嘉年華

將這些醬料淋在薑蔥蒸雞或水煮雞上，輕輕鬆鬆就完成一道料理！

以下介紹的是懶人醬汁的食譜，步驟都只有拌勻材料而已。

*蛋白質、熱量和醣類的數值，是以½片薑蔥蒸雞使用的醬汁計算。

116

洋蔥醬油

在醋醬油中，
增添洋蔥的甜味。

材料（2～3人份）

洋蔥（切碎）　1顆
醬油　1大匙
砂糖、醋　各1小匙

1人份
蛋白質 **29.7**g
181kcal
醣類 **5.2**g

113

蒜泥
芝麻鹽醬

除了芝麻的香，
也有大蒜的嗆。

材料（2～3人份）

香油　2大匙
熟白芝麻　2小匙
蒜泥　1小匙
鹽　一撮

1人份
蛋白質 **29.7**g
256kcal
醣類 **3.4**g

117

辣味噌醬

在經典的醋味噌中，
增添豆瓣醬的辣味。

材料（2～3人份）

味噌、醋　各1½大匙
砂糖、白芝麻粉　各1小匙
豆瓣醬　½小匙

1人份
蛋白質 **30.3**g
199kcal
醣類 **6.5**g

114

中式香蔥醬

在醬油的基底中加上日本大蔥，
口味又酸又甜。

材料（2～3人份）

日本大蔥（切碎）　⅓根
醋　1大匙
醬油、香油　各2小匙
砂糖　½小匙

1人份
蛋白質 **29.6**g
203kcal
醣類 **4.5**g

118

辣番茄美乃滋

中東烤肉醬的風格，
刺激的辣味令人上癮。

材料（2～3人份）

番茄醬、美乃滋　各2大匙
豆瓣醬、辣椒粉　各½小匙

1人份
蛋白質 **29.7**g
204kcal
醣類 **4.7**g

115

檸檬醬

檸檬的酸味相當清爽，
這款檸檬醬也適合當作醃料使用。

材料（2～3人份）

檸檬汁　3大匙
橄欖油　½大匙
鹽　一撮

1人份
蛋白質 **29.3**g
204kcal
醣類 **4.4**g

122

千島醬

用番茄醬和美乃滋搭配多一些的
檸檬,讓口味更清爽。

材料(2～3人份)

檸檬汁　1½ 大匙
番茄醬、美乃滋
　　各 1 大匙
蒜泥　少許

1 人份
蛋白質 **29.4**g
207kcal
醣類 **5.6**g

119

蠔油
黑胡椒醬

醇厚的蠔油和黑胡椒,
是成熟的大人味組合。

材料(2～3人份)

蠔油、檸檬汁　各 1 大匙
砂糖、黑胡椒　各 1 小匙

1 人份
蛋白質 **29.7**g
182kcal
醣類 **6**g

123

明太子優格醬

以優格取代美乃滋,
降低熱量。

材料(2～3人份)

明太子(去除薄膜)
　　½ 條(20g)
原味優格　2 大匙
醬油、香油　各 1 小匙

1 人份
蛋白質 **31.1**g
197kcal
醣類 **3.9**g

120

鹽昆布醬

鹽昆布切碎,
鮮味會分布得更均勻。

材料(2～3人份)

鹽昆布(切碎)、醋　各 2 大匙
醬油　2 小匙

1 人份
蛋白質 **30.1**g
178kcal
醣類 **4.5**g

124

咖哩
黃芥末醬

黃芥末籽醬的酸之中,
隱藏著蜂蜜的口味。

材料(2～3人份)

醋　1 大匙
橄欖油　2 小匙
咖哩粉、黃芥末籽醬、蜂蜜
　　各 1 小匙

1 人份
蛋白質 **29.4**g
208kcal
醣類 **5.6**g

121

南洋醬

泰式魚露和檸檬是
相當受歡迎的南洋口味。

材料(2～3人份)

泰式魚露、檸檬汁
　　各 1 大匙
橄欖油　1 小匙
砂糖　½ 小匙
紅辣椒(切小段)　1 條

1 人份
蛋白質 **30**g
193kcal
醣類 **4.4**g

125

韓國海苔涼拌起司雞絲

配料只用了韓國海苔和香濃的起司，不需要其他調味料。
清淡的薑蔥蒸雞，也能變成飽足感滿分的佳餚。
不但適合拌飯吃，也可以當三明治的夾心。

1 人份

蛋白質 **32.6**g

216kcal

醣類 **3.4**g

材料（2 人份）

薑蔥蒸雞（p70，撕成粗絲） 1 片*

韓國海苔（撕成片狀） 1 小包（8 片，約 35g）

披薩用起司絲 20g

＊也可改用水煮雞（到 p82 前皆適用）

1 將所有材料放進調理盆，攪拌均勻。

材料（2 人份）

薑蔥蒸雞（p70，撕成粗絲） 1 片

蔥（斜切 3cm 小段） 9g

A｜ 酸梅乾（壓碎） 1 顆
｜ 泰式魚露 2 小匙
｜ 蜂蜜 1 小匙

1 將 A 放入調理盆攪拌，再加入剩下的材料拌勻。

126

梅香魚露蔥拌雞絲

梅肉、泰式魚露和蜂蜜勾勒出南洋的口味，
又甜又鹹的滋味讓人一吃上癮！
蔥可改用日本大蔥或秋葵取代。

1 人份

蛋白質 **30**g

186kcal

醣類 **6.6**g

香油酸菜涼拌手絲雞

鹹酸菜相當重口味，
因此調味只要有醬油和香油就足夠。
調味雖然簡單，依然能讓人吃得心滿意足。

材料（2人份）

薑蔥蒸雞（p70，撕成細絲） 1片
切碎的鹹酸菜 50g
醬油、香油 各1小匙

1 將所有材料放進調理盆，攪
拌均勻。

1人份
蛋白質 **29.9**g
198kcal
醣類 **3.9**g

柑橘醋拌韭菜雞絲

韭菜富含β-胡蘿蔔素，使用生韭菜可以增添味道的層次感。
柑橘醋中帶有紅辣椒的辣，讓人口水直流。

材料（2人份）

薑蔥蒸雞（p70，切成肉絲） 1片
韭菜（切4cm小段） ¼把（25g）
紅辣椒（切小段） 1條
柑橘醋醬汁 2大匙

1 將所有材料放進調理盆，攪
拌均勻。

1人份
蛋白質 **30.3**g
188kcal
醣類 **4.7**g

材料（2 人份）

薑蔥蒸雞（p70，切成肉絲）　1 片

小黃瓜（在表皮多劃幾刀，切成 1cm 薄片）　1 條

美乃滋　1½ 大匙

醬油、山葵泥　各 1 小匙

1 將所有材料放進調理盆，攪拌均勻。

山葵美乃滋拌黃瓜

山葵的嗆辣讓人一吃就上癮。

小黃瓜劃刀切出開口比較容易入味。

小黃瓜中的鉀成分有助於消除水腫。

1 人份
蛋白質 **30.2**g
250kcal
醣類 **5.8**g

130

醋味噌芥末拌豆苗

醋味噌搭配日式黃芥末，是沙拉的風格。

豌豆苗含有 β- 胡蘿蔔素和維他命 C，是抗老化食材。

豌豆苗改用海帶取代，一樣美味。

1 人份
蛋白質 **31.1**g
205kcal
醣類 **7.7**g

材料（2 人份）

薑蔥蒸雞（p70，撕成粗絲）　1 片

豌豆苗（切 3 等份長）　½ 袋（約 50g）

A｜味噌、醋　各 2 小匙
　｜砂糖、日式黃芥末　各 1 小匙

1 將 A 放入調理盆攪拌，再加入剩下的材料拌勻。

131

涼拌沙嗲手絲雞

沙嗲是印度的串烤料理，這道菜則是用常見調味料和花生加以改良，不但能當下酒菜，也適合做三明治夾心。

1 人份
蛋白質 **30.6**g
203kcal
醣類 **5**g

材料（2 人份）

薑蔥蒸雞（p70，撕成細絲） 1 片
奶香花生（切碎） 10 粒
番茄醬 2 小匙
泰式魚露 1 小匙
咖哩粉 ½ 小匙

1 將所有材料放進調理盆，攪拌均勻。

132

墨西哥酪梨醬

打成泥醬的酪梨加上檸檬，讓滋味更加清爽。這道菜可以包葉菜吃，也適合當法式長棍的餡料。

材料（2 人份）

薑蔥蒸雞（p70，切成肉絲） 1 片
酪梨（去皮去籽，搗成泥） ½ 顆（100g）
檸檬汁 2 小匙
鹽、黑胡椒 各一撮

1 人份
蛋白質 **30.3**g
262kcal
醣類 **4.8**g

1 將所有材料放進調理盆，攪拌均勻，盛盤後撒上少許黑胡椒（分量外）。

133

美乃滋豆瓣醬拌山茼蒿

這是一款韓式醬料，在美乃滋中加入豆瓣醬帶出辣味，醬料與略苦的山茼蒿是黃金組合。山茼蒿具有抗氧化和抗老化作用。

材料（2人份）

薑蔥蒸雞（p70，撕成粗絲）　1片

山茼蒿（切4cm寬）　2把（40g）

美乃滋、醬油　各2小匙

豆瓣醬　¼小匙

1 將所有材料放進調理盆，攪拌均勻。

134

台式手撕雞冷豆腐

改良自台灣小吃雞肉飯，做成這道手撕雞豆腐。豆腐與雞胸肉補充的是雙倍的蛋白質，同時帶來完美的滿足感。

材料（2人份）

薑蔥蒸雞（p70，撕成細絲）　1片

嫩豆腐（切一半）　½塊（150g）

A ┌ 日本大蔥（切碎）　¼根

　　│ 醬油、酒　各1大匙

　　└ 砂糖、香油　各1小匙

1 將A放進耐熱調理盆攪拌，然後包上保鮮膜，微波加熱50秒。

2 豆腐盛盤後鋪上手撕雞，淋上步驟1即完成。

135

印尼蛋沙拉

印尼沙拉（gado-gado）
原文是「混合攪拌」的意思。
雞蛋可以補充蛋白質。
花生沙拉醬與沙拉拌勻之後，就可以開動了。

1 人份
蛋白質 **33.9**g
280kcal
醣類 **4.2**g

材料（2 人份）

薑蔥蒸雞（p70，切成肉絲） 1 片
全熟水煮蛋（直切 6 等份） 1 顆
A 奶香花生（切碎） 10 粒
美乃滋 1 大匙
醬油、檸檬汁 各 1 小匙

1 將薑蔥蒸雞和水煮蛋盛盤，淋上拌勻的 A 後攪
拌，即可食用。

136

義式卡布里三色沙拉

卡布里三色沙拉是一款義式前菜，
主要材料是番茄，改良後用薑蔥
蒸雞做成飽足感滿分的主菜。
莫札瑞拉起司
改用起司片一樣美味。

1 人份
蛋白質 **33.9**g
258kcal
醣類 **4.4**g

材料（2 人份）

薑蔥蒸雞（p70，切 1cm 薄片） 1 片
莫札瑞拉起司（切 1cm 寬再橫切一半）
½ 球（50g）
羅勒葉 6 片
A 檸檬汁、橄欖油 各 1 小匙
鹽、黑胡椒 各一撮

1 在盤中交互擺上雞肉片和莫札瑞拉起
司，中間夾進羅勒，最後淋上拌勻的
A。

137

芝麻美乃滋拌香菜

南洋口味的涼拌菜中，帶有香菜和櫻花蝦的香氣。櫻花蝦富含鈣質和蝦紅素，具有抗老化的效果。

1 人份

蛋白質	**33**g
	238kcal
醣類	**3.5**g

材料（2 人份）

薑蔥蒸雞（p70，切1cm 薄片） 1 片

香菜（切2cm 小段） 2 株（20g）

櫻花蝦 2 大匙

美乃滋 1 大匙

熟白芝麻 1 小匙

1 將所有材料放進調理盆，攪拌均勻。

138

法式尼斯沙拉

雞胸和鵪鶉蛋，組合出高蛋白的沙拉。黃芥末籽的顆粒感和酸味是這道菜的靈魂。色彩繽紛的擺盤，很適合招待客人。

材料（2 人份）

薑蔥蒸雞（p70，切1cm 薄片） 1 片

鵪鶉蛋（水煮，對半直切） 6 顆

小番茄（對半直切） 6 顆（60g）

萵苣（撕成片狀） 1 大片

A 醋、黃芥末籽醬 各2 小匙

橄欖油 1 小匙

1 人份

蛋白質	**33.4**g
	268kcal
醣類	**6.3**g

1 依序在盤中鋪上萵苣、肉片、鵪鶉蛋和小番茄，淋上拌勻的A。

139

海南雞沙拉

海南雞飯是泰國的國民美食，改良版以水菜取代飯做成一道沙拉。薑味下得比較重，讓人怎麼吃都不膩。水菜可以改用豌豆苗或香菜取代。

1 人份
蛋白質 **30**g
180kcal
醣類 **4.8**g

材料（2 人份）

薑蔥蒸雞（p70，切 1cm 薄片）　1 片

水菜（切 3～4cm 寬）　½ 把（20g）

A | 泰式魚露、檸檬汁　各 2 小匙
　　| 砂糖　½ 小匙
　　| 薑（切碎）　1 片

1 將肉片和水菜盛盤，淋上拌勻的 **A**。

140

醬油淋生薑山葵

將薑蔥蒸雞切成很薄的薄片，感覺像是在吃生雞肉一樣。山葵醬油拌了醋，使餘韻更清爽。日本生薑的香氣讓味道更有層次。可以冰鎮後享用。

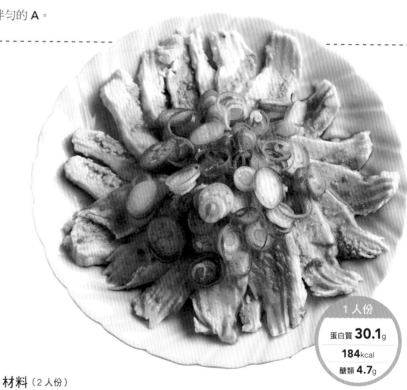

1 人份
蛋白質 **30.1**g
184kcal
醣類 **4.7**g

材料（2 人份）

薑蔥蒸雞（p70，切成 5mm 薄片）　1 片

日本生薑（切小片）　2 顆

A | 醬油、醋　各 1 大匙
　　| 山葵泥　½ 小匙

1 將肉片盛盤，淋上拌勻的 **A**，再鋪上日本生薑。

141

印度風優格沙拉

將印度優格醬改良用在雞胸肉上。

優格吃起來無負擔，也能控制熱量。

孜然切碎更容易食用，也可以改用咖哩粉取代。

1 人份
蛋白質 **31.8**g
207kcal
醣類 **6.8**g

材料（2 人份）

薑蔥蒸雞（p70，切成肉絲） 1 片

小黃瓜（切成 2cm 塊狀） 1 條

A｜原味優格 100g

　｜孜然（磨碎） 1 小匙

　｜鹽 ⅓ 小匙

1 將 A 放入調理盆攪拌，再加入剩下的材料拌勻。

142

檸檬蔥拌杏鮑菇

香蔥與鹽味中帶有檸檬的酸，形成餘味無窮的美味。

富含膳食纖維的杏鮑菇進微波加熱就可以，

也可改用鴻禧菇、金針菇或香菇取代。

材料（2 人份）

薑蔥蒸雞（p70，切 1cm 薄片） 1 片

杏鮑菇（直橫各切一刀後切成薄片） 1 包（100g）

日本大蔥（切碎） ½ 根

檸檬汁、薑蔥蒸雞的湯汁 各 1 大匙

雞湯粉 1 小匙

1 將杏鮑菇簡單沖濕後裝進耐熱調理盆，調理盆不必包保鮮膜，直接放進微波爐加熱 1 分鐘，取出瀝乾。

2 加入其餘的材料拌勻，盛盤後撒上少許黑胡椒（分量外）即完成。

1 人份
蛋白質 **31.3**g
194kcal
醣類 **7.3**g

「醃漬」讓雞胸肉美味加倍！

搓揉太白粉、變換不同刀工、留意加熱時間……這一切努力都是為了讓雞胸肉保持水嫩，現在有了懶人醃漬大法，讓你省去這番苦功。只要雞肉與調味料一起裝袋、進冷藏，就能夠輕鬆搞定，讓雞胸肉變得軟嫩又多汁。早上醃起來，到了晚餐時間正好可以開動！

143

鹽糖水醃漬

鹽和糖水具有保水力，可以讓雞胸肉保持水嫩，不過要小心，醃漬超過一晚口味就會過鹹。經過鹽糖水醃漬之後，即便切成大塊，肉質也不容易乾柴，因此適合整片煎、做日式炸雞或拌美乃滋。

> **1 人份**
> 蛋白質 **29.2**g
> **155**kcal
> 醣類 **2.6**g
>
> ＊1 人份是 ½ 片

材料（1 片份）

雞胸肉　1 片（250g）
鹽　將近 1 小匙（5g）
砂糖　1⅔ 小匙（5g）
水　½ 杯

1 將所有材料裝進夾鏈保鮮袋，小力搓揉，擠出袋中的空氣封住袋口，最後放冷藏靜置 3 小時至一晚。

144

洋蔥炒柴魚

在備受喜愛的奶油和醬油口味之中，增添了柴魚的味道。雞肉切得大塊一點看起來比較有分量，與炒香的洋蔥也相當搭。

> **1 人份**
> 蛋白質 **30.4**g
> **215**kcal
> 醣類 **6.4**g

材料（2 人份）

鹽糖水醃漬雞胸肉（切成 3cm 塊狀）　1 片
洋蔥（薄片）　½ 顆（100g）
醬油　½ 大匙
奶油　10g
柴魚片　1 包（1g）

1 平底鍋加熱，放入奶油融化，下雞肉和洋蔥，轉中火炒 3 分鐘，再加入醬油，炒 1 分鐘。最後盛盤，撒上柴魚片即完成。

145 鹽麴醃漬

鹽麴含有蛋白質分解酵素，因此能將雞胸肉醃得非常濕潤軟嫩。鹽麴不但帶有淡淡的甜味，還能醃出很有層次感的味道，相當實用。鹽麴醃漬適合做日式炸雞或炒菜，用途廣泛。

1 人份
蛋白質 **29.5**g
177kcal
醣類 **6.4**g

＊1 人份是 ½ 片

材料（1 片分）

雞胸肉　1 片（250g）
鹽麴　1 大匙

1 將所有材料裝進夾鏈保鮮袋，小力搓揉，擠出袋中的空氣封住袋口，最後放冷藏靜置 2 小時至 2 晚。

＊可冷凍保存 2 ～ 3 周。

146 黑胡椒香煎雞肉

在鹽麴醃漬的雞肉甜味之中，帶有黑胡椒的嗆勁。鹽麴易焦，建議以較小的火候煎出香味即可。

1 人份
蛋白質 **29.6**g
214kcal
醣類 **7.1**g

材料（2 人份）

鹽麴醃漬雞胸肉（斜刀切大塊）　1 片
黑胡椒　½ 小匙
橄欖油　2 小匙

1 平底鍋中倒入橄欖油，熱鍋後下雞肉，轉較小的中火煎 1 分 30 秒，翻面，再煎 1 分鐘，最後撒上黑胡椒。

147

味噌優格醃漬

優格和味噌，雙管齊下的發酵食品除了把肉質醃得軟嫩濕潤，也增添了鮮味，讓雞肉變得更美味。味噌優格醃漬除了可以做成鋁箔紙包雞料理，或者進烤爐烤之外，加進湯品或味噌湯裡，美味也不打折。

1 人份

蛋白質 **30.5**g

172kcal

醣類 **3**g

＊1 份是 ½ 片

材料（1 片分）

雞胸肉　1 片（250g）
原味優格　2 大匙
味噌　1 大匙

1 將所有材料裝進夾鏈保鮮袋，小力搓揉，擠出袋中的空氣封住袋口，最後放冷藏靜置 2 小時至一晚。

＊可冷凍保存 2 ～ 3 周。

148

舞菇紙包雞

雞肉本身已經有味噌的味道，調味只需要用到鹽。舞菇能讓肉質更軟嫩，因此烤出來的雞肉會多汁到超乎想像。

1 人份

蛋白質 **31.5**g

180kcal

醣類 **3.5**g

材料（2 人份）

味噌優格醃漬雞胸肉（切成肉絲）　1 片
舞菇（撕成小朵）　1 包（100g）
鹽　¼ 小匙
乾燥巴西里　依喜好調整

1 將雞肉（含湯汁）和舞菇快速混合均勻，鋁箔紙折出四邊擺進雞肉，撒上鹽，雞肉之間不要重疊。烤箱預熱，放進紙包雞，加熱 10 分鐘。最後撒上巴西里，完成。

149

薑泥美乃滋醃漬

美乃滋能夠軟化肉質，即便醃漬時間短也會有很好的效果。加入薑可以減輕美乃滋的濃厚感。這款醃漬適合煎、炒、蒸等任何一種烹調法。

1 人份
蛋白質 **29.2**g
188kcal
醣類 **0.4**g

＊1 人份是 ½ 片

材料（1 片分）

雞胸肉　1 片（250g）
美乃滋　1 大匙
薑泥　　1 小匙

1 將所有材料裝進夾鏈保鮮袋，小力搓揉，擠出袋中的空氣封住袋口，最後放冷藏靜置 20 分鐘至一晚。

＊可冷凍保存 2～3 周。

150

醬油炒小松菜

雞肉已經帶有美乃滋濃郁的味道，只要再用醬油調味，就能形成層次感。小松菜晚一點加，可以保留爽脆口感。

1 人份
蛋白質 **30**g
196kcal
醣類 **1.1**g

材料（2 人份）

薑泥美乃滋醃漬雞胸肉（切成肉絲）　1 片
小松菜（切 5cm 小段）　1 把（40g）
醬油　2 小匙

1 平底鍋空鍋預熱，下雞肉轉中火，炒 1 分 30 秒，再加入小松菜和醬油，炒 1 分鐘。

VF0133

美味助攻！最強雞胸肉瘦身減脂食譜150選

高蛋白、低脂肪、低醣質，增肌減脂、口味選擇豐富，滿足口腹的蛋白質減肥法！
作法快速又簡易，懶人也能輕鬆煮

原文書名　鶏むねダイエット最強たんぱく質レシピ150

作　　　　者	——	エダジュン
譯　　　　者	——	陳幼雯
特 約 校 對	——	萬淑香
總 編 輯	——	王秀婷
主　　　編	——	洪淑暖
版 權 行 政	——	沈家心
行 銷 業 務	——	陳紫晴、羅仔伶
發 行 人	——	涂玉雲
出　　　版	——	積木文化

104台北市民生東路二段141號5樓
電話：(02)2500-7696　傳真：(02)2500-1953
官方部落格：http://cubepress.com.tw
讀者服務信箱：service_cube@hmg.com.tw

發　　　行 —— 英屬蓋曼群島商家庭傳媒股份有限公司城邦分公司
台北市民生東路二段141號11樓
讀者服務專線：(02)25007718-9
24小時傳真專線：(02)25001990-1
服務時間：週一至週五 09:30-12:00、13:30-17:00
郵撥：19863813　戶名：書虫股份有限公司
網站　城邦讀書花園｜網址：www.cite.com.tw

香港發行所 —— 城邦(香港)出版集團有限公司
香港九龍九龍城土瓜灣道86號順聯工業大廈6樓A室
電話：+852-25086231　傳真：+852-25789337
電子信箱：hkcite@biznetvigator.com

馬新發行所 —— 城邦(馬新)出版集團 Cite (M) Sdn Bhd
41, Jalan Radin Anum, Bandar Baru Sri Petaling, 57000 Kuala Lumpur, Malaysia.
電話：(603) 90563833　傳真：(603) 90576622
電子信箱：services@cite.my

封 面 設 計 —— 郭忠恕
內 頁 排 版 —— 薛美惠
製 版 印 刷 —— 上晴彩色印刷製版有限公司

【日文版製作人員】
藝術總監、設計：小橋太郎（Yep）
攝影：鈴木泰介
食物造型師：深川あさり
營養計算：エダジュン
烹飪助理：天野由美子
印務總監：金子雅一（TOPPAN株式会社）
取材：中山み登り
校稿：滄流社
編輯：足立昭子
攝影協力：UTUWA

TORI MUNE DIET SAIKYO TAMPAKU SHITSU RECIPE 150 by EDAJUN
© EDAJUN 2022
Originally published in Japan by SHUFU-TO-SEIKATSU SHA CO LTD., Tokyo.
Traditional Chinese translation rights arranged with SHUFU-TO-SEIKATSU SHA CO LTD., Tokyo.
through AMANN CO., LTD., Taipei.
Traditional Chinese Character translation copyright © 2024 by Cube Press, Division of Cite Publishing Ltd.

【印刷版】
2024年2月27日　初版一刷
售　價／NT$ 399
ISBN 978-986-459-569-3
Printed in Taiwan.

【電子版】
2024年2月
ISBN 978-986-459-568-6（EPUB）
有著作權・侵害必究

國家圖書館出版品預行編目(CIP)資料

美味助攻!最強雞胸肉瘦身減脂食譜150選：高蛋白、低脂肪、低醣質，增肌減脂、口味選擇豐富，滿足口腹的蛋白質減肥法!作法快速又簡易，懶人也能輕鬆煮/エダジュン著；陳幼雯譯. -- 初版. -- 臺北市：積木文化出版：英屬蓋曼群島商家庭傳媒股份有限公司城邦分公司發行, 2024.02
面；　公分
譯自：鶏むねダイエット最強たんぱく質レシピ150
ISBN 978-986-459-569-3((平裝)
1.CST: 雞 2.CST: 肉類食譜 3.CST: 減重 4.CST: 健康飲食
427.221　　　　　　　　　　　　112021374